Aviso legal

Saage Media GmbH
c/o SpinLab – The HHL Accelerator
Spinnereistraße 7
04179 Leipzig, Germany
E-Mail: contact@SaageMedia.com
Web: www.SaageMedia.com
Commercial Register: Local Court Leipzig, HRB 42755 (Handelsregister: Amtsgericht Leipzig, HRB 42755)
Managing Director: Rico Saage (Geschäftsführer)
VAT ID Number: DE369527893 (USt-IdNr.)

Editorial: Saage Media GmbH
Publicación: 02.2025
Diseño de portada: Saage Media GmbH
ISBN Tapa blanda (es): 978-3-384-51757-9
ISBN Ebook (es): 978-3-384-51758-6

Legal / Avisos

Los enlaces externos y las referencias a fuentes enumerados en este libro fueron verificados al momento de la publicación. El autor no tiene influencia sobre los diseños y contenidos actuales y futuros de las páginas vinculadas. El proveedor del sitio web vinculado es el único responsable de los contenidos ilegales, incorrectos o incompletos, así como de los daños que surjan del uso o no uso de la información, no quien hace referencia a la publicación respectiva a través de enlaces. Todas las fuentes externas utilizadas se enumeran en la bibliografía. A pesar del cuidadoso control del contenido, no asumimos ninguna responsabilidad por el contenido de fuentes externas. Los operadores de las fuentes citadas son los únicos responsables de su contenido. Las imágenes y fuentes de terceros están marcadas como tales. La reproducción, procesamiento, distribución y cualquier tipo de explotación fuera de los límites de los derechos de autor requieren el consentimiento por escrito del autor o creador respectivo.
Este libro ha sido traducido del alemán. No se pueden descartar completamente las desviaciones del original o los errores de traducción. Todas las fuentes citadas en el libro están disponibles en inglés. No asumimos ninguna responsabilidad por inexactitudes o malentendidos de contenido que puedan surgir por la traducción.
Los datos de los diagramas que no están marcados explícitamente con una fuente no se basan en estudios, sino que son suposiciones no vinculantes para una mejor visualización.
Este libro fue creado utilizando Inteligencia Artificial (IA) y otras herramientas. Entre otras cosas, se utilizaron herramientas para la investigación, la escritura/edición y la generación de ilustraciones decorativas. A pesar del control, no se pueden descartar completamente los errores. Nos gustaría enfatizar que el uso de la IA sirve como herramienta de apoyo para proporcionar a nuestros lectores una experiencia de lectura de alta calidad e inspiradora.

Bendis Saage

Construcción Sostenible: Guía Práctica para Construir una Casa Ecológica

Planificación, materiales y técnicas para una edificación eficiente y respetuosa con el medio ambiente, desde el análisis del terreno hasta la certificación final

50 Fuentes
32 Diagramas
41 Imágenes
7 Ilustraciones

Queridos lectores,

les agradecemos de corazón que hayan elegido este libro. Con su elección, no solo nos han brindado su confianza, sino también parte de su valioso tiempo. Lo apreciamos mucho.

La construcción sostenible es hoy más importante que nunca, tanto para nuestro medio ambiente como para nuestro bolsillo. Quien planea y construye una casa se enfrenta al desafío de tomar decisiones que sean viables para el futuro: desde la elección del terreno adecuado hasta métodos de construcción energéticamente eficientes y la tecnología doméstica óptima. Este libro especializado acompaña de manera sistemática todas las fases de la construcción sostenible. A través de pasos de planificación concretos, métodos probados en la práctica y tecnologías actuales, muestra cómo se pueden unir de manera óptima los objetivos ecológicos y económicos en la construcción de viviendas. Se presta especial atención a conceptos energéticamente eficientes, sistemas de energía renovable y el uso de materiales de construcción ecológicos. La guía estructurada apoya a los constructores en la realización de su proyecto de manera sostenible, desde la primera idea hasta la entrega llave en mano, manteniendo siempre en mente los costos y la calidad. Haga que su proyecto de construcción esté preparado para el futuro, con conocimientos fundamentados y recomendaciones prácticas para la construcción sostenible.

Esta guía le proporciona información comprensible y práctica sobre un tema complejo. Gracias a herramientas digitales desarrolladas internamente que también utilizan redes neuronales, pudimos realizar investigaciones exhaustivas. El contenido se ha estructurado de manera óptima y desarrollado hasta la versión final para proporcionarle una visión general bien fundamentada y de fácil acceso. El resultado: obtiene una visión integral y se beneficia de explicaciones claras y ejemplos ilustrativos. El diseño visual también se ha optimizado mediante este método avanzado para que pueda captar y utilizar la información rápidamente.

Nos esforzamos por la máxima precisión, pero agradecemos cualquier indicación de posibles errores. Visite nuestro sitio web para encontrar las últimas correcciones y adiciones a este libro. Estas también se incorporarán en futuras ediciones.

¡Esperamos que disfrute leyendo y descubriendo cosas nuevas! Si tiene sugerencias, críticas o preguntas, esperamos sus comentarios. Solo mediante el intercambio activo con ustedes, los lectores, las futuras ediciones y obras podrán ser aún mejores. ¡Manténgase curioso!

Bendis Saage

Saage Media GmbH - Equipo

- www.SaageBooks.com/es
- support@saagemedia.com
- Spinnereistraße 7 - c/o SpinLab – The HHL Accelerator, 04179 Leipzig, Germany

Acceso rápido al conocimiento

Para garantizar una experiencia de lectura óptima, nos gustaría familiarizarle con las características principales de este libro:

- **Estructura Modular:** Cada capítulo es independiente y puede leerse sin depender de los demás.
- **Investigación Exhaustiva:** Todos los capítulos se basan en una investigación exhaustiva y están respaldados por referencias científicas. Los datos mostrados en los diagramas sirven para una mejor visualización y se basan en suposiciones, no en los datos proporcionados en las fuentes. Una lista completa de fuentes y créditos de imágenes se encuentra en el apéndice.
- **Terminología Clara:** Los términos técnicos subrayados se explican en el glosario.
- **Resúmenes de Capítulos:** Al final de cada capítulo, encontrará resúmenes concisos que le dan una visión general de los puntos clave.
- **Recomendaciones Concretas:** Cada subcapítulo concluye con una lista de consejos específicos para ayudarle a poner en práctica lo aprendido.

Materiales adicionales de bonificación en nuestro sitio web

En nuestro sitio web, planeamos poner a su disposición los siguientes materiales exclusivos:

- Contenido adicional y capítulos extra
- Un resumen general compacto
- Una versión de radioteatro. (En planificación)

El sitio web está actualmente en construcción.

www.SaageBooks.com/es/construccion_sostenible-bonus-53CUEX

Índice

- 3. Gestión de la construcción
  - 3. 1 Organización de la obra
    - Planificación logística
    - Gestión de recursos
  - 3. 2 Aseguramiento de la calidad
    - Documentación
    - Gestión de defectos
  - 3. 3 Coordinación
    - Coordinación de oficios
    - Control de plazos
    - Gestión de conflictos

1. Planificación de construcción sostenible

¿Cómo se puede diseñar un proyecto de construcción desde el principio para que siga siendo ecológica y económicamente viable durante décadas? La planificación cuidadosa en la fase inicial del proyecto determina en gran medida el éxito posterior de todo el proyecto de construcción. Desde la elección del terreno hasta la orientación del edificio y la selección de materiales, numerosos factores interactúan entre sí. Un enfoque bien pensado no solo ahorra recursos y costos, sino que también crea a largo plazo una mayor calidad de vida. En este capítulo, mostramos qué decisiones puede tomar ya en la fase de planificación para un edificio sostenible.

1. 1 Análisis del terreno

El análisis del terreno constituye la base de una planificación de construcción sostenible. La calidad del suelo y la topografía influyen en la estática, el drenaje y el diseño del jardín, mientras que el microclima y las condiciones climáticas determinan la demanda energética y el confort habitacional. La conexión infraestructural moldea la movilidad y la calidad de vida. Un análisis cuidadoso de estos factores evita errores costosos y aumenta el valor de la propiedad. Descubra a continuación cómo aprovechar al máximo el potencial del terreno.

La planificación de la construcción sostenible requiere un análisis integral del terreno que, además de la calidad del suelo y las condiciones climáticas, también tenga en cuenta la conexión infraestructural y la integración en la infraestructura verde urbana.

Condiciones del suelo y topografía

Las condiciones del suelo y la topografía influyen de manera significativa en la planificación y ejecución de proyectos de construcción sostenible. La capacidad de carga del suelo determina el tipo de cimentación y, por ende, la estabilidad del edificio. Un subsuelo rocoso ofrece condiciones diferentes a un suelo arenoso. Este último puede requerir medidas adicionales de estabilización, lo que impacta en los costos de construcción. Además, el tipo de suelo afecta el drenaje de la propiedad. Los suelos arcillosos retienen agua y pueden provocar encharcamientos, mientras que los suelos arenosos drenan el agua rápidamente. Estas características influyen en la elección de plantas y el diseño de áreas exteriores. Por lo tanto, el conocimiento de las condiciones del suelo es esencial para la planificación del diseño del jardín y la selección de materiales de construcción adecuados. Un nivel freático alto puede, por ejemplo, hacer necesario el uso de drenajes para proteger el edificio de la humedad. La topografía, es decir, la forma de la superficie del terreno, influye en la ubicación del edificio, la orientación de los paneles solares y la demanda energética. Un terreno empinado puede requerir terrazas o una cimentación especial, lo que puede aumentar los costos de construcción. Las ubicaciones en laderas del sur ofrecen condiciones óptimas para el uso de energía solar, mientras que las laderas del norte tienden a ser más sombreadas y pueden conllevar una mayor necesidad de calefacción. La topografía también afecta el escurrimiento de aguas superficiales. Las depresiones pueden llenarse de agua durante fuertes lluvias, mientras que las pendientes garantizan un drenaje rápido. Estos factores influyen en la elección del sitio para el edificio y el diseño del paisaje. El análisis de la resiliencia ecológica muestra que las áreas con topografía compleja y alta sensibilidad ecológica son más resistentes a las intervenciones humanas. Un análisis topográfico detallado ayuda a identificar problemas potenciales de manera temprana y a tomar las medidas adecuadas. Así, mediante la colocación estratégica del edificio y el diseño del jardín, se puede minimizar la demanda energética y afectar positivamente el microclima. Un terreno con una fuerte pendiente puede ser utilizado de manera óptima mediante la construcción de muros de contención o la creación de terrazas, para crear diferentes niveles para el jardín, el área habitable y el huerto. Considerar las condiciones naturales del terreno permite una integración armoniosa del edificio en el paisaje y contribuye a un uso sostenible de los recursos. Las condiciones del suelo y la topografía son factores importantes para la elección del sitio y la planificación de un proyecto de construcción sostenible. Un análisis cuidadoso de estos factores permite una adaptación óptima del proyecto de construcción a las condiciones locales y contribuye a un aumento del valor de la propiedad a largo plazo. Un informe de suelo proporciona información detallada sobre las condiciones del suelo y la capacidad de carga del mismo, y es, por lo tanto, una base importante para la planificación y ejecución de un proyecto de construcción. Al considerar estos factores de manera anticipada, se pueden evitar costosas correcciones y garantizar la sostenibilidad del proyecto de construcción. Un análisis de la idoneidad ambiental geológica puede proporcionar información valiosa sobre la adecuación de un área para la construcción. En regiones con topografía compleja, como las montañas kársticas, este análisis es especialmente importante, ya que aquí los ecosistemas son sensibles y el espacio es limitado.

Bueno saber

Drenajes

Los drenajes desvían el exceso de agua del edificio y lo protegen de daños por humedad. Al planificar drenajes, se deben utilizar materiales sostenibles y considerar los efectos sobre el balance hídrico del terreno.

Informe de suelo

Un informe de suelo proporciona información importante sobre las condiciones del suelo, el nivel freático y posibles contaminaciones. Es la base para la planificación de la cimentación y otros elementos constructivos en contacto con el suelo, y ayuda a minimizar riesgos y costos.

Montañas kársticas

Las montañas kársticas se caracterizan por rocas solubles en agua como la piedra caliza. En proyectos de construcción en estas áreas, se debe tener especial cuidado, ya que el subsuelo puede ser inestable y puede haber cavidades o hundimientos. Un estudio geológico exhaustivo es esencial.

Terrazas

Las terrazas pueden ser construidas en terrenos inclinados para crear superficies planas para el jardín o la agricultura. Ofrecen la posibilidad de generar microclimas diferentes y fomentar la biodiversidad.

Capacidad de Carga del Suelo vs. Elevación

Correlación entre la capacidad de carga del suelo y la elevación en el sitio.

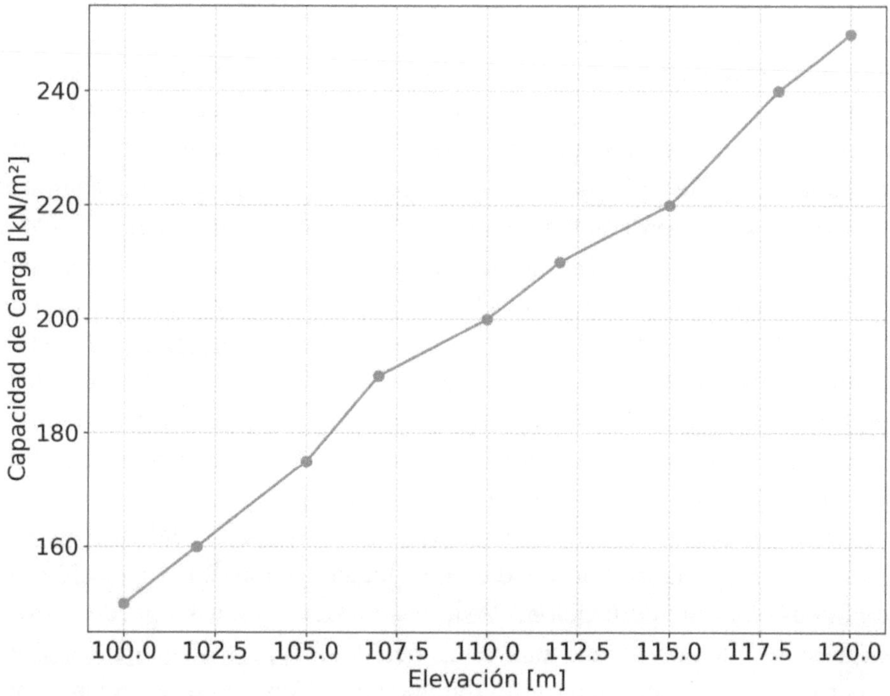

Las elevaciones más altas generalmente exhiben una mayor capacidad de carga del suelo, lo que sugiere que son adecuadas para estructuras más pesadas. Las áreas más bajas pueden requerir técnicas de mejora del suelo para una estabilidad óptima de la cimentación. Esta correlación es valiosa para la ubicación informada de edificios y el diseño eficiente de cimientos en términos de recursos.

Condiciones climáticas

Las condiciones climáticas influyen de manera significativa en la demanda de energía y el confort habitacional de un edificio, por lo que deben ser analizadas exhaustivamente en la fase de planificación. Esto incluye no solo las variaciones de temperatura estacionales, sino también las condiciones de viento predominantes, la radiación solar y las cantidades de precipitación. Estos factores afectan la elección de los materiales de construcción, el aislamiento del edificio, la ubicación y el tamaño de las ventanas, así como el diseño de las áreas exteriores. Vientos fuertes pueden, por ejemplo, aumentar las pérdidas de calor de un edificio y requerir medidas de protección adicionales, como setos de protección contra el viento. La radiación solar determina el uso potencial de energía solar y afecta la iluminación natural de los espacios. En regiones con alta radiación solar, se puede evitar el sobrecalentamiento de los espacios en verano mediante elementos de sombra como salientes de techo o plantaciones estratégicas. Las cantidades de precipitación influyen en la dimensionamiento del drenaje del techo y el diseño del terreno para evitar problemas de escorrentía. Un techo verde puede retener agua de lluvia y así aliviar el sistema de alcantarillado. El análisis de las condiciones climáticas también incluye la investigación del microclima. Este se ve afectado por condiciones locales como la vegetación, la topografía y la edificación. Así, las áreas urbanas pueden estar expuestas a temperaturas más altas debido al efecto isla de calor en comparación con el área rural circundante. Considerar el microclima permite una adaptación óptima del edificio a las condiciones locales y contribuye a un clima habitacional confortable. Un ejemplo de esto es el uso de la circulación natural del aire para enfriar los espacios en verano. Mediante la colocación estratégica de ventanas y puertas, se puede generar un flujo de aire natural que enfría los espacios sin un gasto adicional de energía. Los datos para el análisis climático pueden obtenerse de diversas fuentes. Las estaciones meteorológicas proporcionan datos a largo plazo sobre temperatura, precipitación, viento y radiación solar. Además, se pueden utilizar atlas climáticos y programas de simulación para obtener información detallada sobre el clima local. Esta información forma la base para una planificación de edificios sostenible que minimiza la demanda de energía y maximiza el confort habitacional. Además, las normativas y directrices de construcción regionales pueden contener valiosas indicaciones sobre los requisitos climáticos para los edificios. Considerar estas directrices no solo asegura la funcionalidad y el confort del edificio, sino que también contribuye al cumplimiento de las normativas de construcción vigentes. Al planificar la envoltura del edificio, se deben considerar especialmente las condiciones climáticas. Las paredes exteriores y el techo forman la interfaz entre el interior del edificio y el mundo exterior, y por lo tanto deben resistir las cargas climáticas. En regiones con grandes diferencias de temperatura, un aislamiento efectivo es esencial para prevenir pérdidas de calor en invierno y sobrecalentamiento en verano. La elección de los materiales aislantes se basa en las condiciones climáticas y los requisitos físico-constructivos. También la orientación del edificio y el tamaño y la ubicación de las ventanas juegan un papel importante en la demanda de energía y el confort habitacional. Grandes superficies de ventanas en el lado sur pueden permitir el uso pasivo de la energía solar en invierno, mientras que en verano es necesaria una sombra efectiva para evitar el sobrecalentamiento. El diseño de las áreas exteriores también puede contribuir al confort climático. Los árboles y arbustos pueden servir como proveedores de sombra natural y al mismo tiempo regular la humedad del aire. El análisis de las condiciones climáticas es un componente esencial de la planificación de construcción sostenible. Permite una adaptación óptima del edificio a las condiciones locales y contribuye a una vivienda energéticamente eficiente y confortable.

Techo verde [i1]

Alero del tejado [i2]

Bueno saber

Dimensionamiento

El dimensionamiento de los sistemas de drenaje debe considerar la cantidad local de precipitación y las características del suelo para garantizar una gestión efectiva del agua y evitar inundaciones.

Efecto isla de calor

El efecto isla de calor puede ser mitigado mediante el uso de materiales de techo claros y la integración de áreas verdes en la planificación del edificio para reducir la temperatura ambiente y disminuir la demanda de energía para refrigeración.

Microclima

El microclima de un terreno influye en la selección de plantas para el diseño del jardín y la ubicación de árboles para una sombra óptima y protección contra el viento. También juega un papel en la planificación de sistemas de gestión de aguas pluviales, ya que la tasa de evaporación en el microclima puede influir en la capacidad de almacenamiento necesaria.

Salientes de techo

Los salientes de techo no solo ofrecen protección contra la radiación solar, sino que también protegen la fachada de las inclemencias del tiempo y contribuyen a la durabilidad del edificio.

Condiciones climáticas para construcción sostenible

Impacto de la temperatura, precipitación y luz solar en el diseño de edificios.

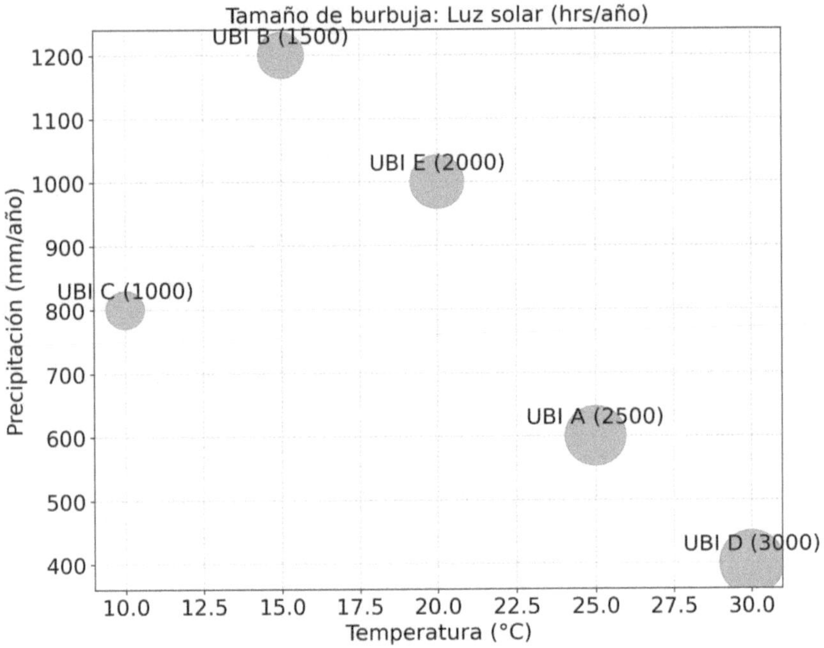

Blasengröße: Luz solar (hrs/año)

UBI A: Ubicación A

UBI B: Ubicación B

UBI C: Ubicación C

UBI D: Ubicación D

UBI E: Ubicación E

Las ubicaciones con altas temperaturas y abundante luz solar son ideales para la integración de energía solar. Las áreas con alta precipitación requieren sistemas de drenaje robustos e impermeabilización. Las temperaturas moderadas con luz solar y lluvia equilibradas podrían ofrecer la mayor flexibilidad en las opciones de diseño, minimizando las necesidades energéticas tanto para calefacción como para refrigeración.

Conexión de infraestructura

La conexión de infraestructura de un terreno abarca la accesibilidad a servicios públicos y la conexión a la red de transporte. El agua, el alcantarillado, la electricidad, el gas y las telecomunicaciones son esenciales para el uso de un edificio y deben ser evaluados durante el análisis del terreno. ¿Existen conexiones ya en el terreno o deben ser instaladas de nuevo? Los costos de desarrollo pueden variar considerablemente según el esfuerzo requerido. La conexión a la red de transporte influye en la movilidad de los residentes. La proximidad a medios de transporte público como autobuses y trenes reduce la dependencia del automóvil privado y fomenta la movilidad sostenible. También se debe considerar la conexión a la red vial para la movilidad individual. Además, la accesibilidad a servicios públicos como escuelas, guarderías, opciones de compra y atención médica es relevante para la calidad de vida. Un terreno bien conectado ofrece a los residentes distancias cortas y ahorra tiempo y recursos. Además, se debe tener en cuenta la conexión a la llamada infraestructura verde urbana (UGI). La cercanía a parques, áreas verdes y otras zonas de recreo contribuye a la calidad de vida y ofrece oportunidades para el ocio y la recreación [s1]. La interconexión de estas áreas verdes es crucial para su función ecológica y su valor para los residentes. Las áreas verdes aisladas ofrecen menos hábitat para animales y plantas y son más difíciles de acceder para las personas [s1]. Por lo tanto, un terreno cercano a una red UGI bien conectada se beneficia de las ventajas ecológicas y sociales de la naturaleza urbana. El análisis de la conexión puede ayudar a identificar debilidades en la red UGI y desarrollar medidas estratégicas para mejorar la conexión [s1]. Por ejemplo, la creación de corredores verdes o la mejora de las conexiones peatonales puede aumentar la accesibilidad a las áreas verdes y fomentar la biodiversidad.

Aguas residuales [i3]

Bueno saber

Biodiversidad

La diversidad de plantas y animales en un área. Una alta biodiversidad es un signo de un ecosistema saludable y contribuye a la estabilidad y resiliencia del medio ambiente. En el análisis del terreno, se debe considerar la biodiversidad para minimizar los impactos negativos del proyecto de construcción en la flora y fauna local e integrar, si es necesario, medidas para fomentar la biodiversidad.

Infraestructura

La infraestructura existente influye en la sostenibilidad de un proyecto de construcción. Una buena conexión a medios de transporte público, servicios y infraestructura social reduce la necesidad de movilidad individual y minimiza la huella ecológica.

Conexión infraestructural

Distancias a instalaciones

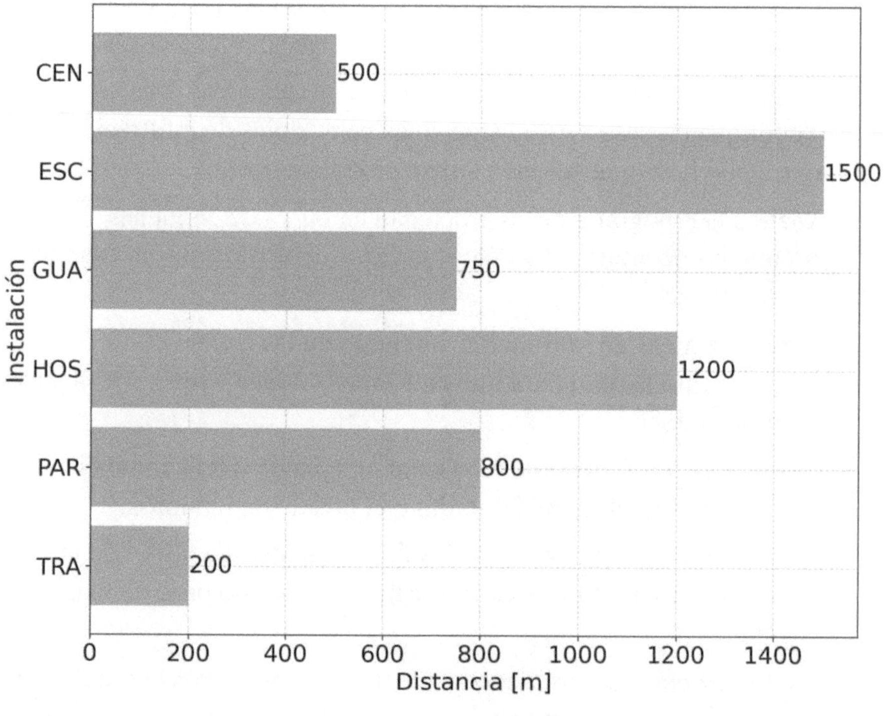

CEN: Centro comercial

ESC: Escuela

GUA: Guardería

HOS: Hospital

PAR: Parque

TRA: Transporte público

La proximidad al transporte público y las tiendas indica una buena conexión de infraestructura, lo que reduce la necesidad de transporte individual y promueve la sostenibilidad. La distancia algo mayor al parque más cercano podría compensarse creando áreas verdes dentro del proyecto de construcción.

Consejos concretos

- Evalúe el microclima de su propiedad midiendo las diferencias de temperatura entre las áreas soleadas y sombreadas.
- Utilice los resultados para planificar la ubicación óptima de edificios y plantaciones para un clima exterior agradable.
- Elabore un mapa detallado del suelo de su propiedad que vaya más allá de los informes de suelo habituales y que también considere el grosor de la capa de humus y el pH.
- Identifique en base a este mapa áreas para zanjas de infiltración de aguas pluviales que también sirvan como biotopos.
- Analice la topografía de su propiedad en busca de pequeñas diferencias de altura y modele el escurrimiento de agua en caso de fuertes lluvias.
- Planifique áreas de infiltración a lo largo de las líneas de escurrimiento natural para prevenir inundaciones y retener el agua en la propiedad.
- Examine la posibilidad de recolectar el agua de lluvia en un cisterna y utilizarla para el riego del jardín o el lavado de inodoros.
- Considere las condiciones locales del viento en su análisis de la propiedad e identifique áreas protegidas del viento para terrazas y asientos.
- Plante especies nativas y adecuadas al sitio como protección contra el viento, que al mismo tiempo ofrezcan hábitat para insectos y aves.
- Documente las plantas y animales existentes en su propiedad para tener en cuenta sus necesidades en la planificación de la construcción y fomentar la biodiversidad.

1. 2 Estructuración del proyecto de construcción

Un enfoque estructurado para la planificación temporal y financiera es crucial para el éxito de los proyectos de construcción sostenible. Desde el estudio de viabilidad hasta la puesta en marcha, numerosos factores influyen en el desarrollo del proyecto y en los costos. Una planificación insuficiente no solo pone en riesgo el marco financiero, sino también el logro de los objetivos de sostenibilidad. La integración de aspectos de sostenibilidad en la planificación de procesos y costos requiere una definición temprana de criterios medibles y la consideración de costos a largo plazo, como operación y desmantelamiento. Herramientas digitales como BIM e IoT ofrecen oportunidades para la optimización y el control preciso del proceso de construcción. Descubra en este capítulo cómo estructurar su proyecto de construcción y establecer las bases para un edificio exitoso y sostenible.

> *La sostenibilidad en la construcción requiere una integración temprana y continua de criterios de sostenibilidad en la planificación temporal, desde los estudios de viabilidad hasta la puesta en marcha y más allá.*

Planificación temporal

La planificación temporal es la columna vertebral de cada proyecto de construcción y afecta de manera significativa su éxito y sostenibilidad. Desde las primeras fases de planificación, comenzando con estudios de viabilidad, es necesario integrar la dimensión temporal para garantizar la sostenibilidad a lo largo de todo el ciclo de vida del proyecto [s2]. Un enfoque estructurado que considere los aspectos de sostenibilidad desde el principio es esencial para la implementación exitosa [s2]. La inclusión de partes interesadas y la realización de estudios de sostenibilidad mejoran la seguridad de la planificación [s2]. Un sistema de evaluación uniforme para la sostenibilidad en proyectos puede apoyar adicionalmente la integración de criterios de sostenibilidad en la planificación temporal [s2]. La evaluación de la sostenibilidad debe integrarse en todas las fases de planificación para garantizar el logro de los objetivos de sostenibilidad a lo largo del proyecto [s2]. En la práctica, esto significa, entre otras cosas, definir objetivos claros para la sostenibilidad desde el principio y traducirlos en criterios medibles. Por ejemplo, un objetivo podría ser la reducción de las emisiones de CO2 en un porcentaje determinado. Esto da lugar a medidas concretas para la planificación temporal, como la selección de materiales de construcción de bajas emisiones o la optimización de la logística de transporte. La planificación detallada del tiempo de construcción en Modelado de Información de Construcción (BIM) requiere una modelación 3D estructurada jerárquicamente [s3]. La planificación del flujo de trabajo debe considerar las restricciones de recursos y las instalaciones temporales en el sitio de construcción [s3]. Las actividades dentro de la planificación del tiempo de construcción deben dividirse en operaciones de trabajo individuales. Esto permite una disposición dinámica del sitio de construcción [s3]. El software 4D-BIM es especialmente adecuado para las fases de movilización y construcción, ya que crea diseños dinámicos que consideran la duración real del uso de instalaciones y equipos temporales [s3]. La planificación del sitio de construcción se puede dividir en tres pasos: colocación de las instalaciones temporales y áreas de almacenamiento, definición del cronograma para la planificación temporal y asignación de recursos, así como la creación de un diseño dinámico del sitio de construcción en el entorno BIM [s3]. Cada actividad en la planificación detallada del tiempo de construcción debe representarse como una operación de trabajo para permitir la simulación de movimientos de maquinaria y transporte de materiales [s3]. Un ejemplo de esto es la planificación detallada del vertido de un cimiento, incluyendo la entrega, instalación y curado, considerando las máquinas y la mano de obra necesarias. La tecnología BIM permite la identificación precisa de puntos críticos en el proceso de construcción [s4]. Las plataformas de gestión en la nube basadas en BIM y GIS mejoran la comunicación y coordinación en la gestión de proyectos [s4]. Las simulaciones de construcción 4D visualizan dinámicamente el proceso de construcción y ayudan a identificar problemas de manera temprana [s4]. La simulación del diseño del sitio de construcción optimiza la preparación de la obra y la eficiencia de la organización de tareas [s4]. Además, las tecnologías IoT pueden apoyar la supervisión y gestión de equipos, personal y materiales en el sitio de construcción [s4]. La integración temprana de estas herramientas digitales en la planificación temporal ayuda a evitar conflictos potenciales y a aumentar la eficiencia del proceso de construcción.

Bueno saber

Estudios de Sostenibilidad

Los estudios de sostenibilidad analizan los impactos ecológicos, económicos y sociales de un proyecto de construcción. Ayudan a evaluar la sostenibilidad del proyecto e identificar medidas para mejorarla. En el contexto de la planificación temporal, sirven para integrar aspectos de sostenibilidad desde el principio y aumentar la seguridad de la planificación.

Estudio de Viabilidad

Un estudio de viabilidad en el contexto de la construcción sostenible examina si un proyecto de construcción es realizable considerando aspectos ecológicos, económicos y sociales. Se evalúan factores como la disponibilidad de materiales sostenibles, la eficiencia energética del edificio y los impactos en el entorno.

Modelado de Información de Construcción

El Modelado de Información de Construcción (BIM) es un método de modelado digital que resume toda la información relevante sobre una construcción en un modelo digital. En el contexto de la construcción sostenible, BIM permite optimizar la planificación, ejecución y gestión del edificio en términos de su rendimiento ecológico, económico y social.

Establecer el marco de costos

La definición de un marco de costos realista es indispensable para los proyectos de construcción, especialmente cuando se integran aspectos de sostenibilidad. Una planificación de costos detallada, que considere todas las fases del proceso de construcción desde la planificación hasta la ejecución y operación, minimiza los riesgos financieros. No solo deben incluirse los costos de inversión iniciales, sino también los costos operativos a largo plazo, incluidos el mantenimiento y la demolición, en el cálculo [s5]. Esta consideración de los costos del ciclo de vida ilustra el beneficio económico a largo plazo de las prácticas de construcción sostenibles. Un edificio con alta eficiencia energética, por ejemplo, genera menores costos de calefacción durante toda su vida útil, lo que compensa las inversiones iniciales más altas en aislamiento o tecnología de edificios innovadora. Además, los programas de subsidios estatales, como las subvenciones para energías renovables o las reducciones fiscales para la construcción eficiente en energía, pueden influir positivamente en el marco de costos y aumentar la viabilidad económica de las prácticas de construcción sostenibles [s5]. Por lo tanto, se recomienda una investigación temprana y la consideración de estas oportunidades de subsidio en la planificación financiera. Además, un marco de costos flexible ofrece la posibilidad de reaccionar ante eventos imprevistos o nuevas tecnologías sin poner en peligro todo el presupuesto. Por ejemplo, durante el transcurso del proyecto, podrían surgir materiales innovadores, rentables y sostenibles en el mercado, cuyo uso se facilitaría mediante un margen en el presupuesto. Una planificación de costos transparente y detallada genera confianza entre todas las partes involucradas y sienta las bases para una implementación exitosa y sostenible del proyecto de construcción.

Materiales sostenibles [i4]

Bueno saber

Costos de inversión

Los costos de inversión son los costos asociados con la adquisición o construcción de bienes duraderos, como edificios. En el contexto de la construcción sostenible, los costos de inversión en tecnologías de ahorro energético o materiales sostenibles deben sopesarse frente a los ahorros a largo plazo derivados de menores costos operativos.

Costos del ciclo de vida

Los costos del ciclo de vida incluyen todos los costos que se generan a lo largo de la vida útil de un edificio, desde la planificación y la construcción hasta la operación, el mantenimiento, la demolición y la eliminación. En la construcción sostenible, los costos del ciclo de vida juegan un papel importante, ya que ayudan a evaluar la viabilidad económica a largo plazo de las medidas sostenibles.

Programas de subsidios

Los programas de subsidios son iniciativas estatales o privadas que ofrecen apoyo financiero para proyectos específicos, como el uso de energías renovables o la renovación energética de edificios. En el contexto de la construcción sostenible, los programas de subsidios pueden ayudar a reducir los costos de inversión y mejorar la viabilidad económica de las medidas sostenibles.

Desglose de Costos para un Proyecto de Casa Sostenible

Ilustra la asignación típica de costos para la construcción de una casa ecológica.

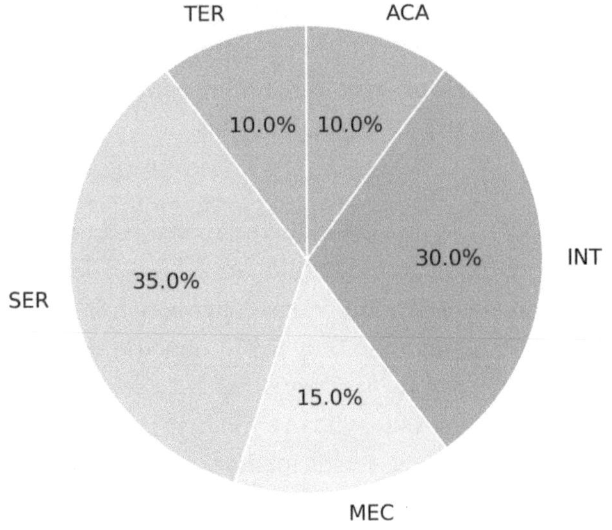

ACA: Acabados (Pintura, Paisajismo)

INT: Trabajo Interior (Paredes, Pisos, Accesorios)

MEC: MEC (Mecánica, Eléctrica, Plomería)

SER: Servicios (Arquitectura, Ingeniería, Permisos)

TER: Terminado (Estructura, Aislamiento, Techado)

Las mayores porciones del presupuesto están dedicadas al terminado y al trabajo interior, destacando la importancia de una cuidadosa planificación y selección de materiales en estas áreas para maximizar la eficiencia y minimizar los costos. Si bien los servicios y los acabados representan porciones más pequeñas, son cruciales para la finalización y la calidad general del proyecto. La optimización de costos dentro de cada segmento contribuye a un proyecto de construcción sostenible exitoso.

Consejos concretos

- Defina objetivos claros de sostenibilidad para su proyecto de construcción que vayan más allá de los requisitos legales.
- Elabore un cronograma detallado que contemple todas las fases del proyecto de construcción, desde la planificación hasta la demolición.
- Integre en su cronograma márgenes para eventos imprevistos y soluciones innovadoras.
- Involucre desde el principio a todos los actores relevantes, como artesanos y proveedores de materiales, en la planificación.
- Utilice herramientas digitales como BIM para simular el proceso de construcción y optimizar los flujos de materiales.
- Desarrolle un sistema de construcción modular que permita ajustes y ampliaciones flexibles a lo largo del tiempo.
- Priorice el uso de materiales de construcción regionales y renovables con cortas distancias de transporte.
- Planifique la reutilización de materiales de construcción y la demolición selectiva desde el principio.
- Considere todo el ciclo de vida del edificio, incluyendo operación y demolición, en su planificación de costos.
- Cree incentivos para la acción sostenible de todos los involucrados, por ejemplo, a través de pagos de bonificación.
- Documente su proceso de construcción sostenible de manera transparente y comparta sus experiencias con otros.
- Revise regularmente el cumplimiento de sus objetivos de sostenibilidad y ajuste su planificación si es necesario.
- Celebre junto a todos los involucrados los hitos alcanzados en la construcción sostenible.

Revisión - 1. Planificación de construcción sostenible

La planificación de la construcción sostenible es más que una tendencia: es la base para una edificación responsable y viable en el futuro. El camino hacia un edificio verdaderamente sostenible comienza mucho antes de la primera palada y requiere un enfoque holístico que considere de manera equitativa los aspectos ecológicos, económicos y sociales. Desde el análisis del sitio hasta la elección de materiales, pasando por la ejecución de la construcción y la operación posterior, cada paso ofrece la oportunidad de integrar principios sostenibles y así contribuir positivamente al medio ambiente y a la sociedad. Es fundamental analizar las circunstancias individuales de cada proyecto y desarrollar soluciones a medida.

Un aspecto central de la planificación de la construcción sostenible es el análisis cuidadoso del terreno. Considere la calidad del suelo y la topografía para garantizar la ubicación óptima del edificio y el uso eficiente de los recursos naturales. Un informe geotécnico le proporcionará información valiosa sobre la capacidad de carga del suelo y le ayudará a identificar riesgos potenciales de manera temprana. También tenga en cuenta las condiciones climáticas: aproveche la radiación solar para ganancias solares pasivas, minimice el consumo de energía mediante un aislamiento óptimo y considere el microclima para crear un ambiente habitable agradable. La conexión infraestructural también juega un papel importante. Rutas cortas hacia el transporte público, tiendas y áreas verdes fomentan la movilidad sostenible y aumentan la calidad de vida de los residentes.

La planificación temporal y financiera son otros factores clave para el éxito de su proyecto de construcción sostenible. Defina desde el principio objetivos claros de sostenibilidad y tradúzcalos en criterios medibles. Integre aspectos de sostenibilidad desde el inicio en su planificación de procesos y utilice herramientas digitales como el Modelado de Información de Construcción (BIM) para optimizar el proceso de construcción y evitar conflictos potenciales. Establezca un marco de costos realista que no solo considere los costos de inversión, sino también los costos operativos a largo plazo, incluidos el mantenimiento y la demolición. Infórmese sobre programas de financiamiento que puedan ofrecerle apoyo financiero.

La implementación de la planificación de la construcción sostenible puede parecer compleja a primera vista. Sin embargo, los desafíos se pueden superar con una planificación cuidadosa y el enfoque adecuado. No los vea como obstáculos, sino como oportunidades para desarrollar soluciones innovadoras y crear un verdadero valor añadido. Porque construir de manera sostenible no solo es una inversión en el futuro, sino también una expresión de responsabilidad hacia las generaciones venideras. Construya con visión y diseñe espacios de vida que sean ecológicos, económicos y socialmente sostenibles.

2. Arquitectura sostenible

¿Cómo podemos construir casas que no solo sean contemporáneas hoy, sino también dentro de cien años? La respuesta radica en un enfoque holístico que abarca desde el primer boceto de planificación hasta la puesta en marcha final. La arquitectura moderna enfrenta el desafío de combinar el diseño estético con la responsabilidad ecológica. El uso inteligente de los recursos y la integración de sistemas energéticos renovables constituyen la base de edificaciones sostenibles. En este capítulo, descubrimos los principios y métodos que transforman una visión en una realidad tangible.

2. 1 Diseño del edificio

La concepción del edificio sienta las bases para una arquitectura sostenible. La forma del edificio, la distribución de los espacios y el uso de la luz natural influyen de manera decisiva en la demanda de energía y el bienestar de los habitantes. Los cuerpos de construcción compactos minimizan las pérdidas de calor, mientras que una distribución de espacios bien pensada aumenta la eficiencia energética y el confort. El uso óptimo de la luz natural no solo reduce la necesidad de iluminación, sino que también promueve la salud y el bienestar. Una concepción inteligente del edificio requiere considerar diversos factores, desde la orientación del edificio hacia el sol hasta la disposición de las ventanas. Los desafíos radican en encontrar un equilibrio entre la eficiencia energética, la funcionalidad y la estética. Es fundamental encontrar soluciones innovadoras que satisfagan las necesidades individuales de los usuarios. Descubra en este capítulo cómo, a través de una concepción integral del edificio, puede crear la base para un hogar sostenible y confortable.

En el concepto de edificio sostenible, la forma compacta de la construcción, la orientación óptima del edificio y el uso inteligente de la luz natural se fusionan en una unidad energética eficiente y confortable.

Forma de construcción eficiente energéticamente

La forma de un edificio influye significativamente en su demanda energética. Los cuerpos de construcción compactos tienen una menor superficie exterior en relación con su volumen, minimizando así las pérdidas de calor a través de la envoltura del edificio. Un cubo, por ejemplo, tiene una superficie más pequeña que un cuerpo de construcción alargado con el mismo volumen. Esta reducción de la superficie de la envoltura disminuye la demanda de energía para calefacción en invierno y refrigeración en verano. Además de la forma básica, también juegan un papel importante las ampliaciones, los miradores y los salientes. Estos aumentan la superficie y, por lo tanto, incrementan la pérdida de energía. Por lo tanto, preste atención a una envoltura del edificio lo más compacta posible para optimizar la eficiencia energética. La orientación del edificio hacia el sol también influye en el balance energético. Las fachadas orientadas al sur reciben más energía solar, que se puede utilizar pasivamente para calentar los espacios. Grandes superficies de ventanas en el lado sur maximizan la ganancia de energía solar, mientras que en el lado norte, ventanas más pequeñas minimizan las pérdidas de calor. Un voladizo o protección solar exterior evita el sobrecalentamiento de los espacios en verano. La combinación de una forma de construcción compacta y una orientación óptima del edificio reduce significativamente la demanda de energía y contribuye a un concepto de edificio sostenible. También los

Panal [i5]

Mirador [i6]

modelos de la naturaleza, como la estructura en forma de panal de una colmena, que ofrece tanto estabilidad como una óptima utilización del espacio, pueden inspirar formas de construcción energéticamente eficientes. La mayoría de los estudios sobre enfoques biomiméticos se centran, al igual que los enfoques convencionales, en la envoltura del edificio para controlar factores ambientales como la ventilación, la humedad y el calor. La integración de principios naturales en la planificación permite soluciones innovadoras y sostenibles para el diseño de edificios. Lechner, N. (2009). *Diseño de casas*. Birkhäuser. Konya, A. (2007). *Guía de diseño para climas cálidos*. Architectural Press.

https://www.researchgate.net/publication/359238431_Biomimicry_in_Architecture_A_State-of-the-Art_Review_on_Buildings'Performance

Envolvente del edificio [i7]

Bueno saber

Eficiencia energética

La eficiencia energética en edificios significa minimizar la demanda de energía para calefacción, refrigeración, iluminación y otras funciones, sin comprometer el confort o la funcionalidad. Esto ayuda a reducir el impacto ambiental y a disminuir los costos operativos.

Energía solar

La energía solar puede ser utilizada pasivamente a través de la orientación del edificio y la colocación de ventanas para calentar espacios y reducir la necesidad de iluminación artificial. Los sistemas solares activos, como la solar térmica y la fotovoltaica, convierten la energía solar en calor o electricidad.

Biomimética

La biomimética, también conocida como biónica, es un enfoque que se inspira en la naturaleza para desarrollar soluciones innovadoras y sostenibles para el diseño y la tecnología. En arquitectura, esto puede significar el uso de formas, materiales y procesos naturales para mejorar la eficiencia energética, el confort y la estética de los edificios.

Consumo de Energía vs. Forma del Edificio

Impacto de la forma del edificio en el rendimiento energético.

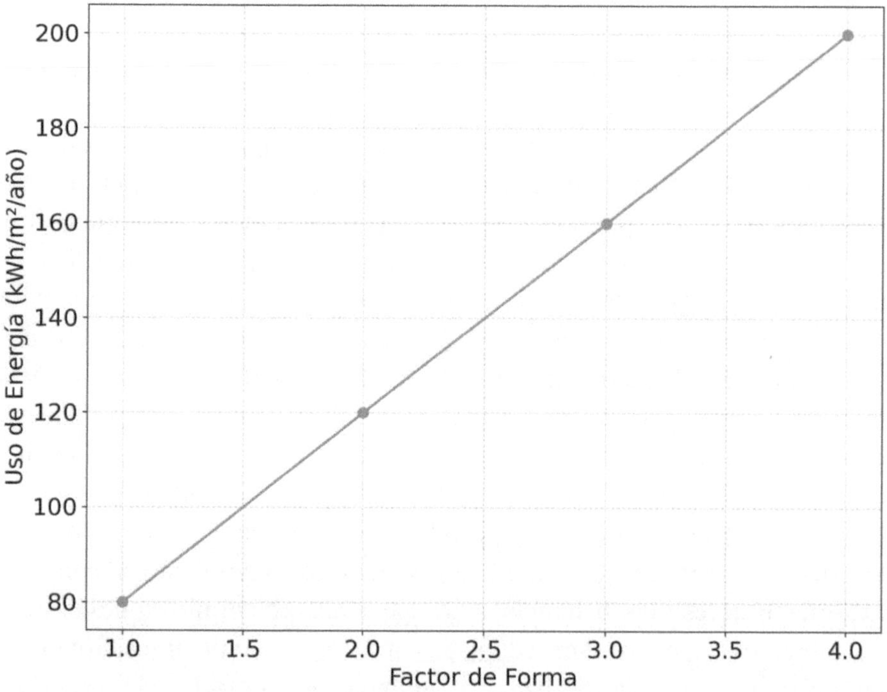

Las formas compactas de edificios generalmente demuestran un menor consumo de energía debido a la reducción del área de superficie expuesta a elementos externos. Las formas más complejas, si bien pueden ofrecer otros beneficios, tienden a tener mayores demandas de energía para calefacción y refrigeración. El equilibrio óptimo depende de las condiciones climáticas específicas y las estrategias de diseño.

Distribución y orientación de las habitaciones

La distribución y orientación de las habitaciones influyen en gran medida en el bienestar y la funcionalidad de un edificio. Una disposición bien pensada de los espacios no solo promueve la calidad de vida de los residentes, sino que también contribuye a la eficiencia energética al evitar recorridos innecesarios y el consiguiente gasto energético en iluminación y climatización. El diseño debe permitir una navegación intuitiva y facilitar la orientación dentro del edificio. Caminos cortos entre áreas de uso frecuente, como la cocina, la sala de estar y el comedor, optimizan las rutinas diarias. Una clara zonificación – como la separación de áreas de descanso y trabajo – apoya el trabajo concentrado y los períodos de descanso reparador. En edificios de apartamentos o públicos, escaleras y ascensores fácilmente localizables mejoran la accesibilidad y fomentan la interacción social. La conexión visual entre diferentes áreas puede mejorar aún más la orientación. Así, un pasillo central que ofrece vistas a las habitaciones adyacentes puede facilitar la navegación. [s6] Un concepto de espacio bien pensado también considera las necesidades de personas con requisitos especiales. Las personas con trastornos del espectro autista se benefician de una estructura espacial clara y de opciones de retiro. [s6] Un diseño accesible con suficiente espacio de movimiento y controles fácilmente accesibles beneficia a las personas con limitaciones físicas. La integración de aspectos adaptados a la edad, como transiciones sin umbrales y suelos antideslizantes, aumenta el confort y la seguridad para las personas mayores. [s7] Al considerar estos aspectos en la fase de planificación, se puede crear un edificio que satisfaga las necesidades de todos los usuarios y ofrezca comodidad y funcionalidad a largo plazo.

Ascensor [i8]

hueco de escalera [i9]

Bueno saber

Accesibilidad

La accesibilidad en el concepto del edificio significa que todas las personas, independientemente de sus capacidades físicas, pueden utilizar el edificio sin restricciones. Esto contribuye a la inclusión social y aumenta el valor de la propiedad.

Adaptado a la edad

Un concepto de edificio adaptado a la edad considera las necesidades de las personas mayores, como transiciones sin umbrales, suelos antideslizantes y grifos de fácil manejo, para permitir una vida segura y cómoda en la vejez y reducir la necesidad de reformas posteriores.

Zonificación

En la concepción del edificio, la zonificación ayuda a separar diferentes áreas según su función (por ejemplo, áreas de vivienda, descanso y trabajo) y así optimizar el consumo energético para calefacción, refrigeración e iluminación.

Asignación de Habitaciones para Edificio Sostenible

Distribución del espacio dentro de un concepto de edificio sostenible.

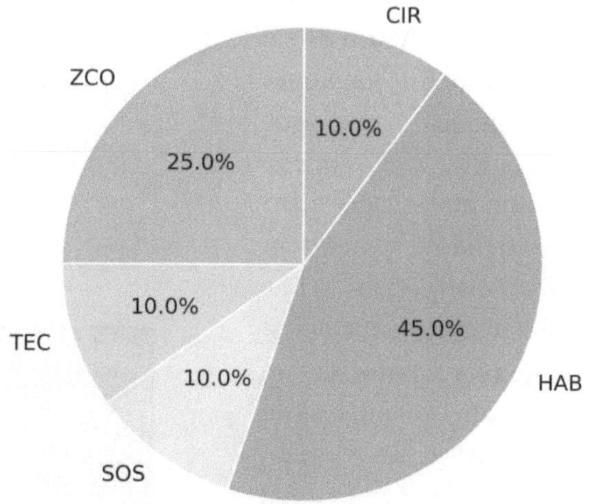

CIR: Circulación (Pasillos, Escaleras)

HAB: Áreas Habitables (Dormitorios, Sala, Cocina)

SOS: Características Sostenibles (Techo Verde, Paneles Solares)

TEC: Áreas Técnicas (Sala de Máquinas, Almacenamiento)

ZCO: Zonas Comunes (Sala Comunitaria, Taller, Lavandería)

La mayor parte del espacio está dedicada a áreas habitables, enfatizando la importancia de ambientes interiores cómodos y saludables en el diseño sostenible. Una asignación significativa a espacios compartidos promueve la interacción comunitaria y la eficiencia de recursos. Si bien las áreas de circulación y técnicas son esenciales, su huella minimizada refleja un diseño optimizado del edificio. El espacio dedicado a características sostenibles subraya el compromiso con el diseño ambientalmente consciente y la gestión de recursos.

Uso de la luz natural

El uso de la luz natural contribuye de manera decisiva al confort y al consumo energético de un edificio. A través de la disposición y dimensionamiento adecuados de ventanas y otros elementos translúcidos, se puede reducir significativamente la necesidad de iluminación artificial y, por ende, ahorrar en costos energéticos. Las superficies de ventanas orientadas al sur capturan la mayor parte de la energía solar y ofrecen ganancias de calor pasivas en invierno. En verano, sin embargo, un exceso de entrada solar puede llevar a un sobrecalentamiento. Aquí, los dispositivos de protección solar como persianas o estores ofrecen una solución y garantizan un clima interior agradable. Las lucernarias, por ejemplo en pasillos o escaleras, también reducen la necesidad de iluminación y crean una atmósfera luminosa y amigable. El uso de la luz natural no solo influye en el consumo energético, sino también en el bienestar de los habitantes. Estudios demuestran que la luz natural fomenta la concentración, reduce el estrés y tiene un efecto positivo en el estado de ánimo. Un concepto de luz natural bien planificado, por lo tanto, considera tanto aspectos energéticos como de salud, contribuyendo así a un edificio sostenible y confortable. La integración de elementos de diseño

Persianas [i10]

Dispositivos de protección solar [i11]

biofílicos como patios verdes, visibles a través de grandes ventanales, puede potenciar el efecto positivo de la luz natural y proporcionar a los usuarios una sensación de conexión con la naturaleza. Así, por ejemplo, las oficinas con grandes ventanas y vistas al verde pueden aumentar la productividad de los empleados y, al mismo tiempo, minimizar el consumo energético para la iluminación artificial.

Claraboyas [i12]

Bueno saber

Dispositivos de protección solar
Elementos como persianas, estores, toldos o pantallas que sirven para controlar la entrada solar en un edificio y evitar el sobrecalentamiento. Contribuyen a reducir la necesidad de refrigeración y a garantizar un clima interior agradable.

Elementos de diseño biofílicos
Elementos de diseño que fomentan la conexión del ser humano con la naturaleza en el entorno construido. Ejemplos incluyen paredes verdes, elementos de agua o el uso de materiales naturales. Contribuyen a mejorar el bienestar y la salud.

Entrada solar
La cantidad de energía solar que entra en un edificio a través de ventanas y otros elementos transparentes. Un factor importante para la calefacción solar pasiva en invierno, pero que puede llevar a un sobrecalentamiento en verano y debe ser regulado mediante medidas adecuadas.

Autonomía de Luz Natural en Diseño de Edificios

Niveles de Iluminancia por Tipo de Habitación

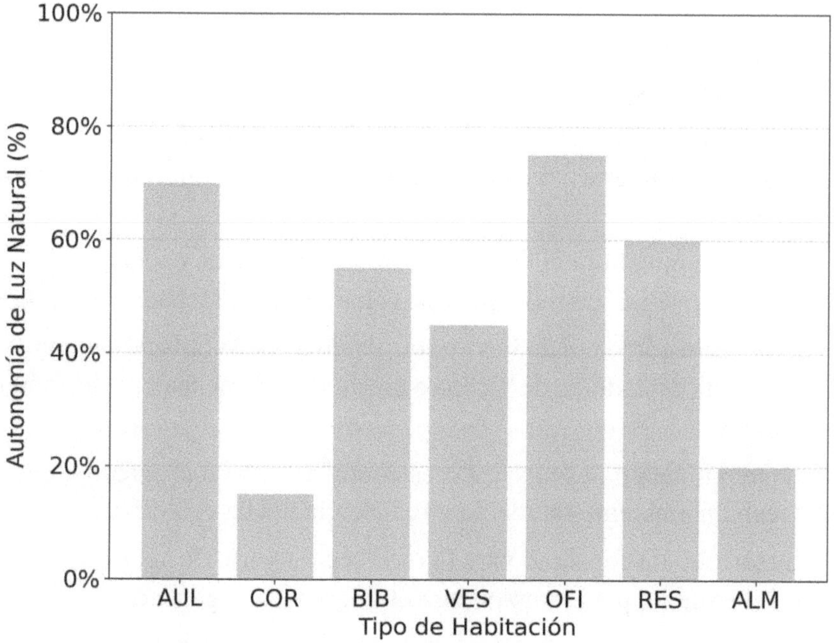

ALM: Almacén

AUL: Aula

BIB: Biblioteca

COR: Pasillo

OFI: Oficina

RES: Residencial

VES: Vestíbulo

Este gráfico destaca la variación en la autonomía de luz natural lograda en diferentes tipos de habitaciones. Espacios como oficinas y aulas demuestran una alta autonomía de luz natural, lo que sugiere estrategias efectivas de diseño para el aprovechamiento de la luz natural. Por el contrario, áreas como almacenes y pasillos exhiben menor autonomía, lo que indica una posible necesidad de aumentar la iluminación natural o optimizar las soluciones de iluminación artificial. Los datos subrayan la importancia de considerar la función de la habitación y los patrones de ocupación al diseñar la iluminación natural para minimizar el consumo de energía y mejorar el bienestar de los ocupantes.

Consejos concretos

- Al concebir el edificio, considere la integración de jardines verticales en las fachadas para mejorar el aislamiento térmico y aumentar la calidad del aire.
- Diseñe estructuras espaciales flexibles que se adapten fácilmente a las necesidades cambiantes mediante tabiques móviles.
- Planifique espacios comunitarios y terrazas en la azotea para fomentar la interacción social de los residentes y optimizar el uso del espacio.
- Utilice la envoltura del edificio como superficie de captación de energía, integrando módulos fotovoltaicos en la fachada o el techo.
- Considere cómo puede incorporar sistemas de ventilación natural mediante captadores de viento o efectos de chimenea en el diseño del edificio.
- Opte por materiales innovadores como la arcilla o el cáñamo, que crean un ambiente saludable y reducen la huella ecológica.
- Desarrolle un concepto para la recolección y uso de aguas pluviales en el edificio, por ejemplo, para el riego de la vegetación interior.
- Integre inodoros de compostaje en su diseño arquitectónico para minimizar el consumo de agua y recuperar nutrientes.
- Planifique espacios para la agricultura urbana, brindando a los residentes la oportunidad de cultivar sus propios alimentos.
- Considere la posibilidad de combinar un techo verde con módulos fotovoltaicos para maximizar la captación de energía.
- Diseñe elementos de fachada que se alineen automáticamente según la posición del sol, garantizando así la entrada óptima de luz.

2. 2 Selección de materiales

La selección de materiales influye de manera decisiva en el balance ecológico y económico de un edificio. La durabilidad, la regionalidad, la capacidad de reciclaje y las emisiones de los materiales de construcción son factores cruciales para la construcción sostenible. Decisiones incorrectas pueden llevar a un mayor consumo de recursos, cargas para la salud y costos innecesarios. Este capítulo examina los criterios más importantes para una selección de materiales ecológicamente sensata y destaca los desafíos asociados. Muestra cómo, mediante la elección adecuada de materiales de construcción, se puede minimizar la huella ecológica de un edificio y, al mismo tiempo, aumentar su valor. Descubra cómo con la selección correcta de materiales puede contribuir de manera decisiva a la arquitectura sostenible.

Para la construcción sostenible, es fundamental considerar de manera integral el ciclo de vida del material, desde la extracción hasta el uso y la eliminación o reciclaje.

Materiales de construcción ecológicos

Los materiales de construcción ecológicos se caracterizan por su bajo impacto ambiental a lo largo de todo su ciclo de vida, desde la extracción de materias primas hasta la fabricación, uso, desmantelamiento y eliminación. Varios factores juegan un papel importante en este proceso. La selección debe considerar la durabilidad y resistencia de los materiales para minimizar el consumo de recursos y maximizar la vida útil del edificio [s8]. Un techo duradero de pizarra extraída de manera regional, por ejemplo, puede durar generaciones y requiere menos reparaciones y reemplazos que otros materiales. También es crucial la posibilidad de desmontaje y reutilización de componentes al final de su ciclo de vida, lo que es un criterio importante para la construcción ecológica [s8]. De este modo, los materiales pueden ser separados de manera pura y utilizados en nuevos proyectos de construcción, reduciendo así la necesidad de nuevos recursos. La regionalidad de los materiales de construcción influye en las rutas de transporte y, por ende, en las emisiones de CO2. Rutas de transporte cortas disminuyen el impacto ambiental y fomentan la economía local [s8]. El reciclaje también juega un papel decisivo. A través de la reutilización de materiales de construcción, se reduce la necesidad de nuevas materias primas y se minimiza la cantidad de residuos [s8]. Un ejemplo de esto es el uso de hormigón reciclado

Desmontaje [i13]

Pizarra [i14]

como agregado para nuevo hormigón. Las emisiones de los materiales de construcción, tanto durante la fabricación como en su uso, pueden afectar la salud de los ocupantes [s8]. La selección de materiales de baja emisión contribuye a un clima interior saludable. La madera, por ejemplo, tiene un potencial de calentamiento global menor en comparación con el acero o el hormigón [s9]. El acero, a su vez, también tiene un desempeño positivo en comparación con otros materiales [s9]. Los costos del ciclo de vida, que además de los costos de adquisición incluyen los costos de mantenimiento, desmantelamiento y eliminación, son otro aspecto importante al evaluar el balance ecológico de los materiales de construcción [s8]. Un análisis del ciclo de vida (LCA) puede ayudar a comparar los impactos ambientales de diferentes materiales a lo largo de su ciclo de vida y tomar decisiones informadas [s8] [s9]. Se analizan los impactos en diversas fases, desde la extracción de materias primas hasta el transporte y la eliminación [s9]. Así, se puede optimizar la selección de materiales y alcanzar los objetivos de sostenibilidad de su proyecto de construcción.

Bueno saber

Análisis del ciclo de vida

El análisis del ciclo de vida (LCA) es un método para evaluar los impactos ambientales de un producto, proceso o sistema a lo largo de su ciclo de vida. En la construcción sostenible, el LCA sirve como una herramienta importante para la toma de decisiones en la selección de materiales y la optimización del balance ecológico.

Durabilidad

En la construcción sostenible, la durabilidad se refiere a la capacidad de un material para cumplir su función durante un largo período sin necesidad de reparaciones o reemplazos. Los materiales duraderos reducen el consumo de recursos y minimizan el impacto ambiental de las medidas de mantenimiento.

Potencial de calentamiento global

El potencial de calentamiento global (GWP) es una medida de cuánto contribuye una sustancia al efecto invernadero. En la construcción sostenible, se prefieren materiales con bajo GWP para minimizar los impactos en el cambio climático.

Regionalidad

La regionalidad se refiere al origen de los materiales de construcción. En la construcción sostenible, la regionalidad juega un papel importante, ya que las rutas de transporte cortas reducen las emisiones de CO2 y fomentan la economía local.

Balance ecológico de materiales de construcción

Comparación del impacto ambiental de varios materiales de construcción.

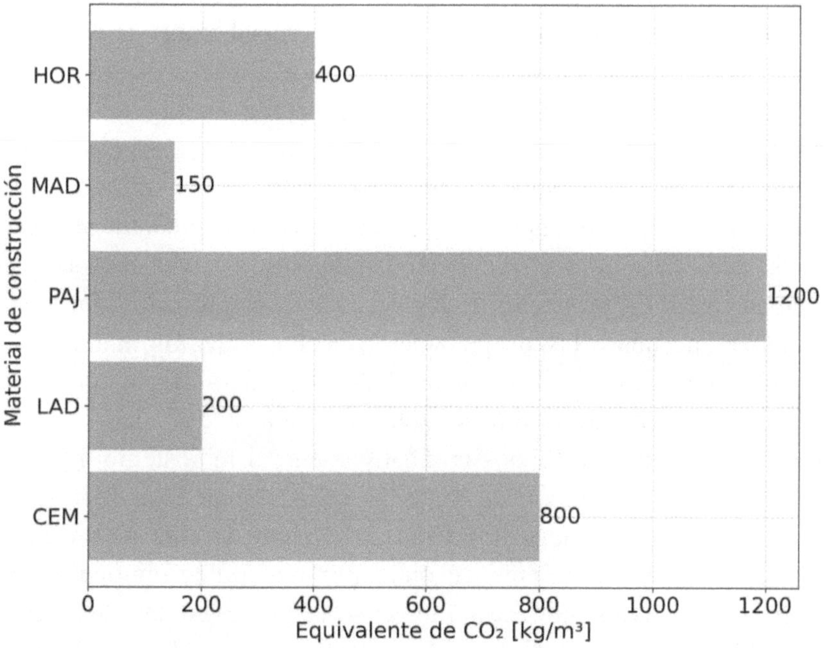

CEM: Hormigón

LAD: Paja

PAJ: Acero

HOR: Ladrillo

MAD: Madera

El diagrama de barras horizontal ilustra el impacto ambiental de varios materiales de construcción basado en sus emisiones de gases de efecto invernadero. La madera y la paja se caracterizan por emisiones significativamente más bajas, mientras que el hormigón y el acero tienen una huella ecológica más alta. La elección del material de construcción tiene por lo tanto una influencia significativa en la sostenibilidad de un proyecto de construcción.

Materiales regionales

Los materiales de construcción regionales reducen las distancias de transporte, lo que disminuye la emisión de CO2 y la carga ambiental en general [s10]. Al mismo tiempo, el uso de recursos locales fortalece la economía local. Sin embargo, la disponibilidad de materiales regionales es crucial para su uso y debe considerarse en el contexto de los requisitos específicos del proyecto [s10]. Por ejemplo, un proyecto de construcción en una zona boscosa puede beneficiarse del uso de especies de madera locales, mientras que en otras regiones la elección de materiales puede estar influenciada por la piedra natural o los depósitos de arcilla. Es fundamental realizar un análisis temprano de los recursos disponibles a nivel regional y su idoneidad para el proyecto de construcción planificado. Tal análisis debe tener en cuenta las propiedades específicas de los materiales, las cantidades necesarias y las posibilidades logísticas de adquisición. A través de una planificación y selección adecuadas, los materiales regionales pueden contribuir significativamente a la sostenibilidad en la construcción. La obtención de materias primas a menudo representa la fase con el mayor impacto ambiental en el ciclo de vida de un material [s11]. La decisión consciente de optar por materiales regionales puede reducir significativamente estos impactos al minimizar las distancias de transporte. Además, la selección de materiales regionales puede generar efectos sociales y culturales positivos [s12], que van más allá del balance ambiental puro y contribuyen a la identidad regional y la creación de valor. Para optimizar la toma de decisiones en la selección de materiales, se pueden utilizar herramientas y métodos específicos [s12]. Por ejemplo, el Proceso de Jerarquía Analítica (AHP) puede ayudar a evaluar sistemáticamente la variedad de criterios, como la regionalidad, la capacidad de reciclaje y los valores de emisión, y a tomar una decisión informada [s12].

Impacto ambiental [i15]

Bueno saber

Proceso de Jerarquía Analítica

El Proceso de Jerarquía Analítica (AHP) es un método para estructurar y evaluar problemas de decisión complejos. En el contexto de la selección de materiales, el AHP puede utilizarse para ponderar diferentes criterios como costos, compatibilidad ambiental y propiedades técnicas, y encontrar la solución óptima.

Carga ambiental

La carga ambiental de los materiales de construcción incluye, además de la emisión de CO2, factores como el consumo de recursos, la contaminación de aguas y suelos, así como los impactos en la biodiversidad. En la selección de materiales sostenibles, se deben preferir aquellos con la menor carga ambiental posible.

Materiales Regionales para Construcción Sostenible

Disponibilidad, costo y distancia de transporte de materiales de construcción regionales.

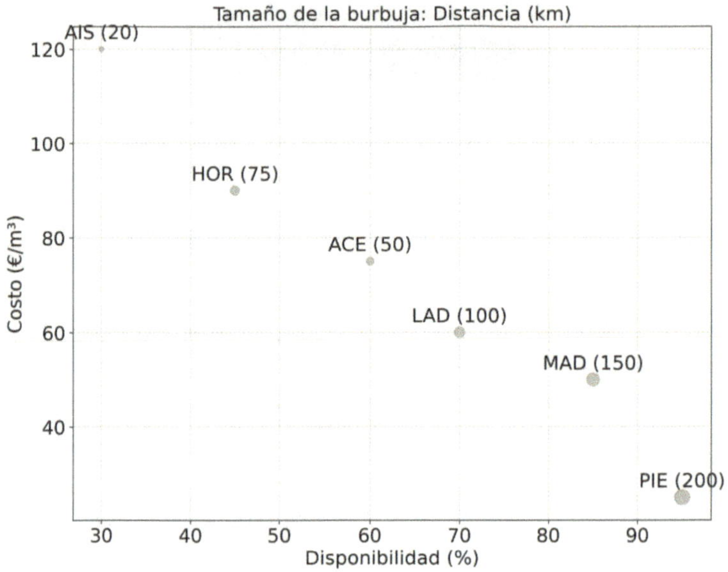

Blasengröße: Distancia (km)

ACE: Acero (Reciclado)

AIS: Aislamiento (Cáñamo)

HOR: Hormigón (Bajo en Cemento)

LAD: Ladrillos (Arcilla)

MAD: Madera (Local)

PIE: Piedra (Regional)

El gráfico revela compensaciones entre la disponibilidad, el costo y la distancia de transporte de los materiales. Los materiales con alta disponibilidad tienden a tener costos más bajos pero pueden implicar distancias de transporte más largas. Por el contrario, algunos materiales de baja disponibilidad tienen costos más altos y distancias de transporte más cortas, posiblemente debido a la producción especializada o la escasez. La optimización de la selección de materiales requiere equilibrar estos factores para minimizar el impacto ambiental y los gastos del proyecto.

Componentes reciclables

Los componentes reciclables están adquiriendo cada vez más importancia en la construcción sostenible. El enfoque se centra en la reintegración de materiales de construcción en el ciclo de materiales al final de su vida útil. Esto reduce la necesidad de nuevas materias primas y minimiza los residuos, en línea con la prevención de residuos en el proceso de construcción [s13]. Además de la pura reciclabilidad, otros aspectos juegan un papel importante en la selección de componentes adecuados. La separabilidad de los materiales es crucial para permitir un reciclaje de alta calidad. Un edificio cuya estructura consiste en elementos desmontables de manera homogénea, como vigas de acero y vigas de madera, facilita la demolición y la posterior reutilización de los componentes individuales. La facilidad de mantenimiento de los componentes también influye en su vida útil y, por lo tanto, en la posibilidad de reutilización [s14]. El mantenimiento regular puede prolongar la vida útil de los elementos de construcción y así reducir la necesidad de reemplazo. También se debe considerar el potencial de upcycling de los materiales [s14]. En lugar de simplemente reciclar los materiales al final de su fase de uso, pueden ser mejorados a productos de mayor valor a través del upcycling. Por ejemplo, las viejas tablas de madera pueden transformarse en nuevos muebles. Además de la valorización material, la recuperación de energía también juega un papel [s14]. Los materiales que pueden ser valorizados energéticamente al final de su vida útil contribuyen a la reducción de la demanda de energía. Finalmente, la biodegradabilidad de ciertos componentes es otro factor a considerar en el contexto de la sostenibilidad [s14]. Los materiales biodegradables pueden ser compostados al final de su ciclo de vida, sirviendo así como fuente de nutrientes para nuevas plantas. Al considerar estos criterios, desde la separabilidad homogénea hasta la facilidad de mantenimiento y la biodegradabilidad, se puede implementar efectivamente el pensamiento cíclico en la construcción y contribuir a la conservación de recursos.

Viga de acero [i16]

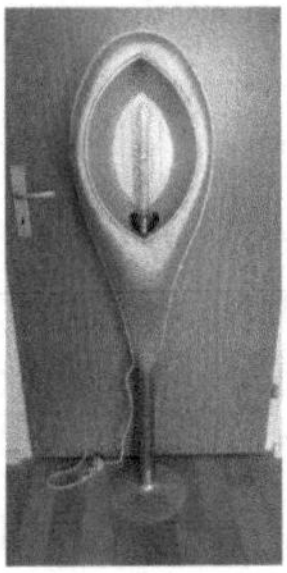

Suprareciclaje [i17]

Bueno saber

separabilidad

La separabilidad en relación con los materiales de construcción significa que los materiales pueden ser separados y recolectados de manera homogénea para permitir un reciclaje homogéneo. Esto es importante para garantizar la calidad del material reciclado y minimizar el esfuerzo de separación homogénea. Los materiales de construcción homogéneos facilitan la demolición y el reciclaje, contribuyendo así a la conservación de recursos.

Upcycling

El upcycling en el contexto de la selección de materiales significa mejorar los materiales de construcción existentes y transformarlos en nuevos productos de mayor calidad. Esto puede lograrse mediante un procesamiento creativo o la combinación con otros materiales. Ejemplos de esto son el uso de ladrillos viejos como revestimiento de fachada o la transformación de vigas de madera en muebles de diseño. A través del upcycling, se prolonga la vida útil de los materiales y se evita el desperdicio, lo que contribuye a una mayor eficiencia de recursos en la construcción.

Reciclabilidad de Materiales de Construcción

Visualización de la reciclabilidad de materiales para una construcción sostenible.

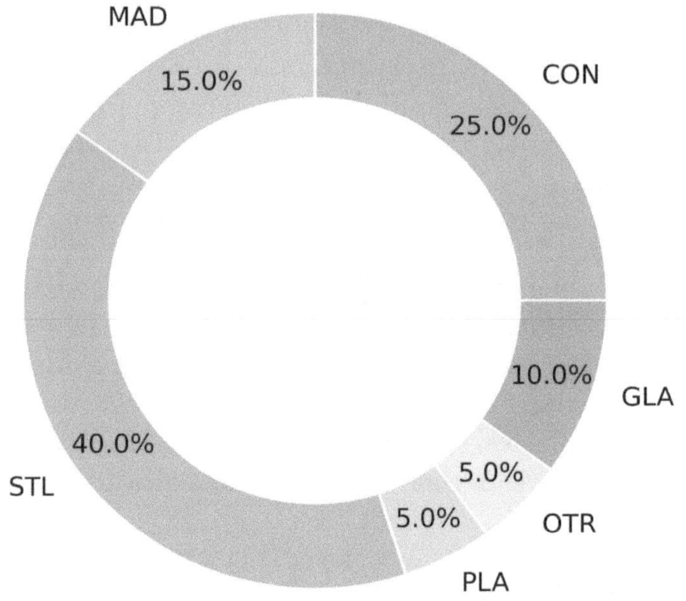

CON: Hormigón

MAD: Madera

PLA: Plástico

GLA: Vidrio

OTR: Otros

STL: Acero

El gráfico destaca los diferentes grados de reciclabilidad entre los materiales de construcción comunes. Una parte significativa de los materiales ofrece un alto potencial de reciclabilidad, lo que sugiere oportunidades para la circularidad en la construcción. Sin embargo, la presencia de materiales con menor reciclabilidad subraya la necesidad de una cuidadosa selección de materiales y el desarrollo de procesos de reciclaje mejorados para un sector de la construcción verdaderamente sostenible.

Consejos concretos

- Cuestiona la necesidad de cada material y busca alternativas con menor impacto ambiental.
- Crea una biblioteca de materiales con muestras de materiales sostenibles y sus propiedades para facilitar la selección.
- Visita sitios de demolición y rescata materiales utilizables para tu proyecto, para conservar recursos y ahorrar costos.
- Organiza un taller con artesanos locales para conocer técnicas de construcción tradicionales y materiales regionales.
- Experimenta con combinaciones innovadoras de materiales para encontrar nuevas soluciones estéticas y funcionales.
- Considera la posibilidad de alquilar o arrendar materiales en lugar de comprarlos, para conservar recursos.
- Involucra a los futuros usuarios en la selección de materiales para tener en cuenta sus necesidades y preferencias.
- Utiliza plataformas en línea y bases de datos para encontrar información sobre materiales sostenibles y proveedores.
- Haz que un organismo independiente evalúe los impactos ambientales de los materiales elegidos.
- Crea un documento de selección de materiales que presente de manera transparente las razones para elegir cada material.
- Presta atención a la certificación de materiales sostenibles para asegurar su calidad ecológica.

2. 3 Suministro de energía

El suministro de energía es un aspecto central de la arquitectura sostenible. Influye de manera significativa en el confort, los costos operativos y el balance ambiental de un edificio. La elección de los materiales de aislamiento adecuados, los sistemas de energía renovable y las tecnologías de almacenamiento presenta diversos desafíos para planificadores y constructores. Una planificación inadecuada puede llevar a altos costos energéticos, falta de confort y un balance ambiental negativo. Este capítulo examina las diferentes opciones de suministro de energía para casas sostenibles, desde el aislamiento térmico hasta las energías renovables y las innovadoras tecnologías de almacenamiento. Se analizan las respectivas ventajas y desventajas de los diferentes sistemas y materiales para crear una base de decisión informada. Siga leyendo y descubra cómo puede diseñar su casa de manera energéticamente eficiente y sostenible.

La combinación de diversas medidas para el ahorro de energía, como el aislamiento térmico, las energías renovables y las tecnologías de almacenamiento inteligentes, permite la realización de edificios energéticamente eficientes y confortables, y contribuye de manera significativa a la sostenibilidad.

Conceptos de aislamiento térmico

El aislamiento térmico reduce la demanda de energía para calefacción y refrigeración y aumenta el confort en el hogar. Un edificio bien aislado necesita menos energía para mantener la temperatura interior deseada, lo que se traduce en costos energéticos más bajos [s15]. El aislamiento actúa como una barrera contra la pérdida de calor en invierno y la absorción de calor en verano. Diferentes materiales y métodos de aislamiento juegan un papel importante. Los materiales de aislamiento comunes incluyen lana mineral, poliestireno y celulosa. Estos materiales difieren en sus valores de aislamiento (valor U), su compatibilidad ambiental y sus costos. Un valor U bajo significa una mejor efectividad de aislamiento. Al seleccionar el material de aislamiento adecuado, se deben considerar no solo los costos, sino también las condiciones de construcción y el efecto de aislamiento deseado. Además de la elección del material, la correcta ejecución del aislamiento es crucial. Puentes térmicos, es decir, áreas con pérdida de calor aumentada, deben ser evitados. Esto se puede lograr mediante una instalación continua y profesional del aislamiento. Una capa de aislamiento continua en las paredes exteriores, el techo y el techo del sótano minimiza las pérdidas de calor y mejora la eficiencia energética del edificio. También el aislamiento de ventanas y puertas contribuye a la reducción del consumo de energía. Ventanas de doble o triple acristalamiento con un bajo valor U y marcos de puertas bien aislados minimizan las pérdidas de calor y mejoran la protección acústica. La combinación de diferentes medidas de aislamiento conduce a un resultado óptimo. Al planificar un concepto de aislamiento térmico, es necesario considerar el edificio en su totalidad. El aislamiento de la envoltura del edificio es un paso importante para el ahorro de energía. Además, otras medidas como la instalación de un sistema de calefacción eficiente o el uso de energías renovables pueden mejorar el balance energético del edificio [s15]. Una bomba de calor, por ejemplo, utiliza el calor ambiental para calefacción y puede reducir significativamente la demanda de energía. La instalación de un sistema fotovoltaico para la generación de electricidad también contribuye a la reducción de los costos energéticos y a la mejora del balance ambiental. A través de la combinación de diferentes medidas, se puede crear un concepto energético integral que sea tanto económicamente como ecológicamente sensato. En este proceso, se deben considerar las necesidades individuales y las condiciones de construcción del edificio. Un concepto de aislamiento térmico bien planificado y ejecutado no solo aumenta el confort en el hogar y reduce los costos energéticos, sino que también contribuye a la protección del clima. Un ejemplo de una medida de aislamiento efectiva es el aislamiento del techo del último piso. Especialmente en edificios antiguos sin techo aislado, se pierde mucho calor a través del techo del último piso. Un aislamiento posterior con lana mineral u otros materiales de aislamiento adecuados puede reducir significativamente esta pérdida de calor y así mejorar la eficiencia energética del edificio. El aislamiento del techo del último piso es a menudo una medida relativamente simple y económica con un alto potencial de ahorro. Puede implementarse tanto en nuevas construcciones como en renovaciones. En la renovación, es especialmente importante adaptar el aislamiento a las condiciones existentes y evitar puentes térmicos. La elección del concepto de aislamiento térmico adecuado depende de varios factores, incluidos el tipo de edificio, el presupuesto y los ahorros energéticos deseados. Una asesoría profesional por parte de un consultor energético puede ayudar a desarrollar el concepto óptimo y seleccionar las medidas de aislamiento adecuadas. Un consultor energético puede analizar las condiciones individuales del edificio y crear un concepto a medida que satisfaga tanto los aspectos energéticos como los económicos. Una inversión en un buen aislamiento térmico se amortiza a largo plazo a través de menores costos energéticos y un mayor confort en el hogar.

lana mineral [i18]

instalación fotovoltaica [i19]

Bueno saber

Bomba de calor

Una bomba de calor utiliza el calor disponible en el entorno (por ejemplo, del aire, agua o tierra) para calentar edificios o generar agua caliente. Es una alternativa energéticamente eficiente a los sistemas de calefacción convencionales.

Lana mineral

La lana mineral es un material de aislamiento que se fabrica a partir de roca o vidrio fundido. No es inflamable, aísla bien y es relativamente económico.

Puente térmico

Los puentes térmicos son áreas en la envoltura del edificio donde, debido a particularidades de material o construcción, se pierde excesivamente calor. Se producen, por ejemplo, en las conexiones de ventanas o balcones y pueden llevar a la formación de moho y a un aumento de los costos de calefacción.

Sistema fotovoltaico

Un sistema fotovoltaico convierte la luz solar directamente en energía eléctrica. Contribuye al suministro energético sostenible de un edificio y reduce la dependencia de la red eléctrica pública.

Espesor del Aislamiento vs. Valor U

Relación entre el espesor del aislamiento y el valor U.

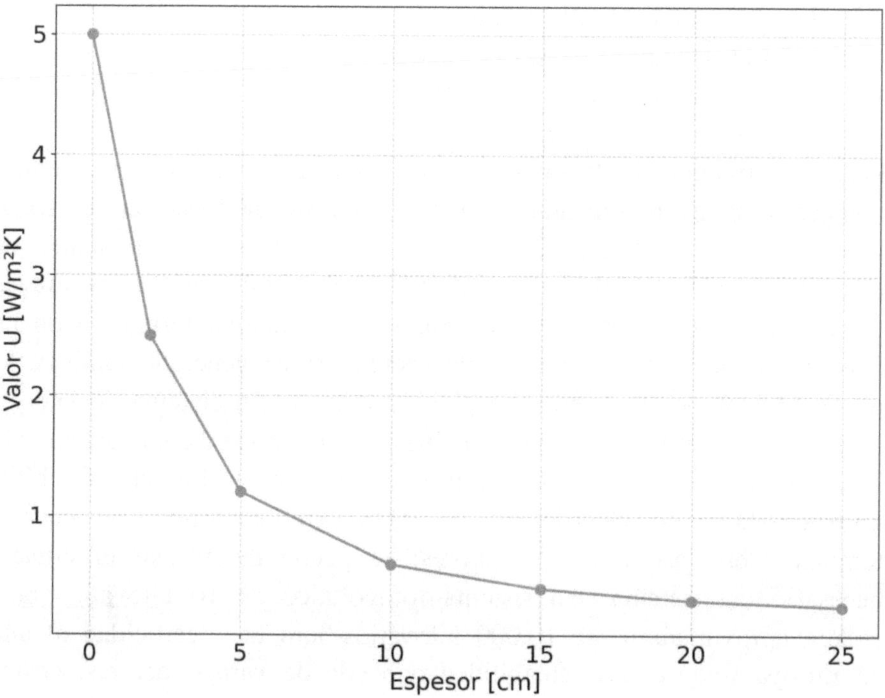

El aumento del espesor del aislamiento reduce significativamente el valor U, lo que conduce a un mejor rendimiento térmico y un menor consumo de energía. Se observan rendimientos decrecientes en espesores mayores, lo que sugiere un punto óptimo de rentabilidad.

Sistemas de energía regenerativa

Los sistemas de energía regenerativa utilizan fuentes de energía naturales y renovables que se transforman en energía utilizable. Los sistemas se pueden clasificar en diferentes categorías:
- Energía solar a través de fotovoltaica y solar térmica
- Energía eólica mediante pequeñas instalaciones eólicas
- Geotermia a través de geotermia superficial
- Biomasa en forma de pellets de madera o astillas
- Calor ambiental para bombas de calor

Para los propietarios de viviendas, la combinación de varios sistemas regenerativos es recomendable. Un sistema fotovoltaico en el techo produce electricidad que permite el funcionamiento de una bomba de calor. La bomba de calor utiliza el calor ambiental gratuito del aire, la tierra o el agua subterránea y lo convierte en energía térmica. Con un almacenamiento de energía, la electricidad solar generada también se puede utilizar por la noche. La planificación de un sistema de energía regenerativa comienza con un análisis de la demanda energética. Un hogar promedio de 4 personas consume anualmente alrededor de 4,000 kilovatios-hora de electricidad y 20,000 kilovatios-hora de energía térmica. Con base en estos valores, se puede determinar el tamaño necesario del sistema. Un sistema fotovoltaico de 10 kilovatios pico genera aproximadamente 10,000 kilovatios-hora de electricidad al año en Europa Central. La rentabilidad depende de varios factores: costos de inversión, precios de energía, subsidios estatales y tarifas de alimentación. Un sistema fotovoltaico con almacenamiento de batería cuesta actualmente entre 15,000 y 25,000 euros. El período de amortización suele ser de 8 a 12 años. Las bombas de calor aire-agua están disponibles desde 12,000 euros, y las bombas de calor geotérmicas desde 20,000 euros. Para un diseño óptimo, se deben involucrar planificadores especializados. Ellos consideran las condiciones locales como la orientación del techo, la sombra o la calidad del suelo. Un asesor energético elabora un concepto integral y verifica las posibilidades de financiación. El banco KfW y el BAFA ofrecen subvenciones atractivas para sistemas de energía regenerativa. La instalación requiere empresas especializadas cualificadas. En los sistemas fotovoltaicos, se deben verificar la estática, la protección contra rayos y las conexiones eléctricas. Las bombas de calor requieren una dimensionamiento preciso de la fuente de calor. Las sondas geotérmicas requieren un permiso de agua y estudios geológicos. El funcionamiento de sistemas regenerativos requiere mantenimiento regular. Los módulos fotovoltaicos deben limpiarse anualmente. Las bombas de calor necesitan una revisión de servicio cada dos años. Los sistemas de control modernos optimizan automáticamente el flujo de energía y permiten la supervisión remota a través de un teléfono inteligente. La combinación con sistemas de almacenamiento de energía aumenta la tasa de autoconsumo. Los sistemas de almacenamiento de baterías almacenan el exceso de electricidad solar. Los almacenamientos de energía recogen energía térmica para calefacción y agua caliente. Los sistemas de control de hogar inteligentes conectan todos los componentes y gestionan los consumidores según la carga. Los sistemas de energía regenerativa aumentan el valor de la propiedad y reducen los costos operativos. La independencia de los combustibles fósiles protege contra el aumento de precios. Con la planificación, dimensionamiento y mantenimiento adecuados, los sistemas funcionan de manera confiable y económica durante décadas.

Bueno saber

Almacenamiento de electricidad

Los almacenamientos de electricidad, generalmente baterías, almacenan el exceso de electricidad solar y la hacen utilizable más tarde. Aumentan el autoconsumo y reducen la dependencia de la red eléctrica.

Fotovoltaica

Los sistemas fotovoltaicos convierten la luz solar directamente en energía eléctrica. Están compuestos por módulos solares que se instalan en techos o áreas abiertas. La electricidad generada puede ser utilizada por uno mismo o inyectada en la red pública.

Kilovatio-hora (kWh)

El kilovatio-hora es una unidad de medida de energía. Indica cuánta energía consume un dispositivo con una potencia de un kilovatio en una hora.

Pequeña instalación eólica

Las pequeñas instalaciones eólicas generan electricidad a partir de la energía del viento. Son adecuadas para ubicaciones con suficiente viento y a menudo se utilizan en combinación con fotovoltaica.

Amortización

El período de amortización indica cuánto tiempo tarda en recuperarse una inversión a través de los ahorros obtenidos.

Combinación de Energías Renovables para Edificios Sostenibles

Combinación típica de energías renovables en un edificio sostenible.

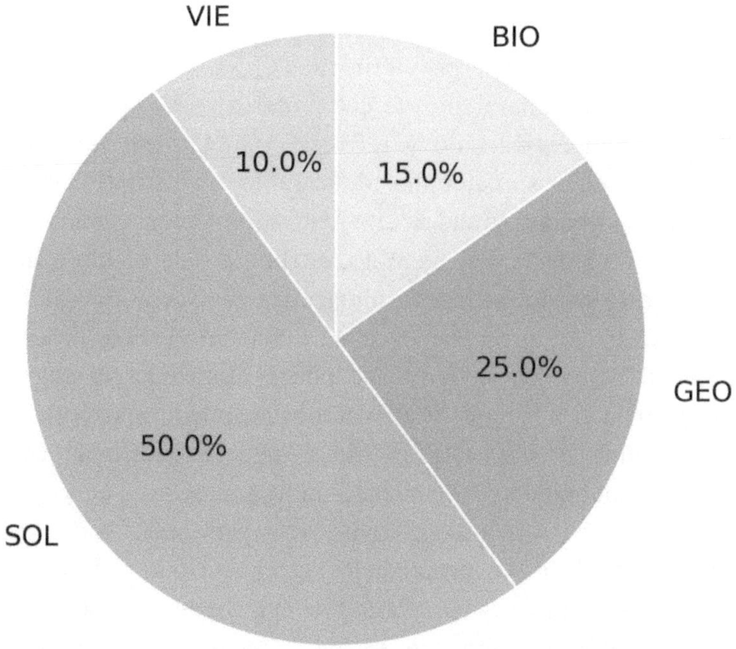

BIO: Biomasa
GEO: Geotérmica
SOL: Solar Fotovoltaica
VIE: Viento

La energía solar fotovoltaica constituye la mayor parte, destacando su importancia en el diseño de edificios sostenibles. La geotérmica y la biomasa contribuyen significativamente, lo que indica un enfoque tanto en calefacción/refrigeración como en el aprovechamiento de residuos orgánicos. Si bien la energía eólica tiene una participación menor, su inclusión diversifica las fuentes de energía. Esta combinación reduce la dependencia de combustibles fósiles y minimiza el impacto ambiental.

Tecnologías de almacenamiento

Las tecnologías de almacenamiento están ganando cada vez más relevancia para el suministro de energía de los edificios. Además de los conocidos sistemas de baterías para almacenar electricidad de instalaciones fotovoltaicas, que ya se mencionaron en el capítulo anterior, también se ofrecen sistemas para el almacenamiento de energía térmica (TES) [s16]. Estos utilizan el principio de almacenamiento de calor o frío para optimizar la demanda de energía para calefacción y refrigeración. Un enfoque innovador en este ámbito son los materiales de cambio de fase (PCM). Los PCM almacenan y liberan grandes cantidades de calor cuando cambian su estado físico, es decir, por ejemplo, al fundirse de sólido a líquido [s17] [s16]. De este modo, se puede almacenar el exceso de calor durante el día y liberarlo por la noche o en días más fríos. Este proceso también funciona al revés: en invierno, se puede almacenar el calor del día y liberarlo en la fría noche, y en verano, se puede aprovechar el frío de la noche para el día. Los PCM se pueden clasificar en diferentes categorías, incluyendo orgánicos, inorgánicos y mezclas eutécticas [s16]. Los PCM orgánicos, como los parafinas, son especialmente adecuados debido a sus propiedades, como un punto de fusión definido y estabilidad química [s16]. Para prevenir fugas en estado líquido, los PCM a menudo se incrustan en una matriz 3D o en una estructura porosa. Así se crean PCM de forma estable que mantienen su forma incluso durante el cambio de fase [s16]. La incrustación puede realizarse mediante diversas técnicas, como microencapsulación, macroencapsulación o la incrustación en una matriz portadora [s17]. Una alta conductividad térmica del PCM es crucial para una carga y descarga eficiente. Esta puede mejorarse mediante la adición de materiales con alta conductividad térmica, como grafito o partículas metálicas [s16].

La integración de PCM en materiales de construcción ofrece múltiples posibilidades. Así, los PCM pueden ser incorporados en paredes, techos o suelos para regular la temperatura en el interior del edificio [s17]. Un yeso enriquecido con PCM puede ayudar a reducir las fluctuaciones de temperatura y minimizar la necesidad de calefacción o refrigeración activa. También en combinación con sistemas de calefacción por suelo radiante, los PCM pueden mejorar la eficiencia del sistema al almacenar el calor y liberarlo de manera escalonada. La selección del PCM adecuado depende de la aplicación específica y de las propiedades térmicas deseadas. Para la integración en materiales de construcción, además de la conductividad térmica, también se deben considerar la estabilidad de forma, la estabilidad a largo plazo y la compatibilidad ambiental del PCM. El análisis de costo-beneficio de las soluciones basadas en PCM es un tema complejo [s17]. Los costos de inversión para sistemas basados en PCM suelen ser más altos que para sistemas convencionales. Sin embargo, a largo plazo, los ahorros en costos de energía pueden compensar los costos adicionales. El tiempo de amortización depende de varios factores, como los precios de la energía, las condiciones climáticas y la eficiencia del sistema. Por lo tanto, una planificación y dimensionamiento cuidadosos del sistema son esenciales para garantizar la viabilidad económica. Un asesor energético experimentado puede ayudar en la selección del sistema adecuado y en la integración óptima en el concepto del edificio. Los PCM son una tecnología prometedora para mejorar la eficiencia energética de los edificios. A través de la integración inteligente de PCM en la envoltura del edificio o en sistemas de calefacción y refrigeración, se puede reducir la demanda de energía y contribuir así a una construcción más

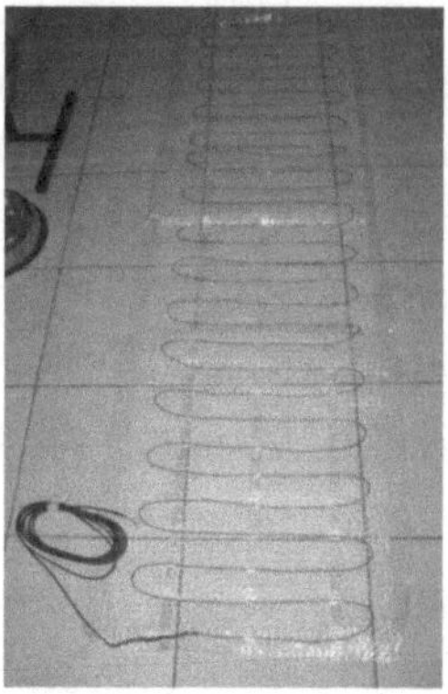

calefacción por suelo radiante [i20]

sostenible. Una combinación de PCM con otras medidas de ahorro energético, como un buen aislamiento térmico y el uso de energías renovables, permite la realización de edificios energéticamente eficientes y confortables. El continuo desarrollo de la tecnología PCM y la disminución de los costos de producción abrirán en el futuro más posibilidades de aplicación y contribuirán a la difusión de esta innovadora solución de almacenamiento.

Bueno saber

Conductividad térmica

La conductividad térmica describe qué tan bien un material puede conducir energía térmica. Una alta conductividad térmica es importante para una carga y descarga eficiente de los PCM.

Instalaciones fotovoltaicas

Las instalaciones fotovoltaicas convierten la luz solar directamente en energía eléctrica y contribuyen así al suministro energético sostenible de los edificios. Pueden instalarse en techos o fachadas y cubrir la demanda de energía para electrodomésticos y iluminación.

Mezclas eutécticas

Las mezclas eutécticas son combinaciones de diferentes sustancias que tienen un punto de fusión más bajo que los componentes individuales. Se utilizan como PCM para optimizar el almacenamiento de energía a ciertas temperaturas.

Partículas metálicas

Las partículas metálicas pueden aumentar la conductividad térmica de los PCM y así mejorar la eficiencia del almacenamiento de energía.

Almacenamiento de energía térmica

Los almacenamientos de energía térmica almacenan calor o frío para su uso posterior. Pueden ayudar a reducir la demanda de energía para calefacción y refrigeración y optimizar el uso de energías renovables.

Capacidad de Almacenamiento de Energía para Edificios Sostenibles

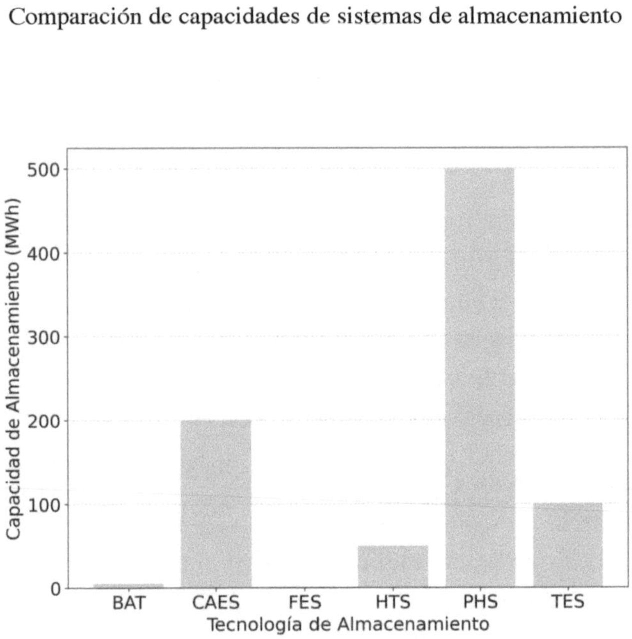

BAT: Batería (Li-ion)

CAES: Almacenamiento de Energía por Aire Comprimido

FES: Almacenamiento de Energía por Volante de Inercia

HTS: Almacenamiento en Tanques de Hidrógeno

PHS: Almacenamiento Hidroeléctrico Bombeado

TES: Almacenamiento de Energía Térmica (Agua)

Este gráfico destaca las diferencias significativas de capacidad entre varias tecnologías de almacenamiento de energía. El almacenamiento en baterías, aunque crucial para la gestión de energía a corto plazo, ofrece considerablemente menos capacidad que las soluciones de almacenamiento hidroeléctrico bombeado y térmico. Esto sugiere que es probable que se necesite un enfoque diversificado del almacenamiento de energía, que incorpore múltiples tecnologías, para maximizar la independencia energética y la resiliencia de los edificios.

Consejos concretos

- Integre masas de almacenamiento como paredes de barro o adobe en su edificio para regular la temperatura de manera pasiva y reducir la demanda de energía para calefacción y refrigeración.
- Planifique la disposición de los espacios de manera que las habitaciones con alta demanda de calor, como la sala de estar y la cocina, estén orientadas al sur y se beneficien de la radiación solar.
- Aproveche el calor residual de dispositivos como el refrigerador o la computadora, dirigiéndolos intencionadamente a habitaciones adyacentes.
- Elabore un diagrama detallado de flujo de energía para su edificio, con el fin de identificar pérdidas de energía y descubrir potenciales de optimización.
- Opte por sistemas de suministro de energía híbridos que combinen de manera inteligente diversas energías renovables como la solar térmica y la fotovoltaica.
- Verifique la posibilidad de establecer una red de calefacción urbana con edificios vecinos para aprovechar sinergias y minimizar pérdidas de energía.
- Integre colectores de energía geotérmica bajo superficies pavimentadas como terrazas o entradas de vehículos para aprovechar el calor ambiental.
- Desarrolle un concepto para utilizar el calor de proceso de procesos industriales en la zona, si está disponible.
- Involucre a la población local en el suministro de energía, por ejemplo, fundando cooperativas de energía ciudadana.

Revisión - 2. Arquitectura sostenible

La arquitectura sostenible es más que una tendencia, es una necesidad. El presente texto destaca cómo puede lograr edificios energéticamente eficientes y respetuosos con el medio ambiente a través de una planificación inteligente y una elección adecuada de materiales. No se trata solo de conceptos abstractos, sino de recomendaciones concretas que puede implementar directamente en su proyecto de construcción. Desde la forma del edificio, pasando por la óptima utilización de la luz natural, hasta la selección de sistemas de energía renovable y tecnologías de almacenamiento innovadoras, cada aspecto contribuye al concepto general.

Un punto central es la minimización de la demanda energética. Comience con una forma de construcción compacta para reducir las pérdidas de calor a través de la envoltura del edificio. Oriente el edificio de manera que las fachadas sur se aprovechen al máximo la energía solar. Grandes ventanales en el lado sur maximizan la ganancia solar pasiva, mientras que ventanas más pequeñas en el lado norte minimizan las pérdidas de calor. También considere la protección solar exterior para evitar el sobrecalentamiento en verano. En el interior del edificio, optimice la distribución de los espacios para garantizar recorridos cortos y un uso eficiente de las áreas. Tenga en cuenta las necesidades de todos los usuarios para permitir la accesibilidad y una vivienda adecuada para personas mayores.

La elección de los materiales de construcción juega un papel decisivo en el balance ecológico de su proyecto. Opte por materiales regionales y duraderos para minimizar las distancias de transporte y las emisiones de CO2. Examine las posibilidades de reutilización y reciclaje de componentes. Un análisis del ciclo de vida puede ayudarle a comparar los impactos ambientales de diferentes materiales y tomar decisiones informadas. También preste atención a los materiales de baja emisión para crear un ambiente interior saludable.

Integre sistemas de energía renovable como la fotovoltaica, la solar térmica o las bombas de calor para cubrir de manera sostenible la demanda energética de su edificio. Combine estos sistemas con tecnologías de almacenamiento inteligentes para optimizar el uso de energías renovables y maximizar el autoconsumo. Tenga en cuenta las condiciones locales en la planificación y consulte a planificadores experimentados. La inversión en tecnologías sostenibles puede parecer inicialmente más alta, pero se traduce a largo plazo en menores costos energéticos y un mayor valor inmobiliario.

Construir de manera sostenible es una inversión en el futuro. Aunque requiere una planificación y ejecución cuidadosas, le ofrece numerosas ventajas a largo plazo: ahorra costos energéticos, protege el medio ambiente y crea un entorno de vida saludable y cómodo. Con las recomendaciones de acción aquí presentadas, puede convertir su visión de un edificio sostenible en realidad y hacer una valiosa contribución para las generaciones venideras.

3. Gestión de la construcción

¿Cómo se transforma una visión de construcción sostenible en un proyecto exitoso? El camino desde el primer diseño hasta la entrega de llaves se asemeja a una orquesta compleja, donde numerosos actores deben tocar con precisión. La gestión profesional de la construcción constituye la base para la implementación puntual y de alta calidad de proyectos de construcción sostenible. La planificación y el control sistemático de todos los procesos son decisivos para el éxito del proyecto, desde el control de costos hasta el cumplimiento de los estándares energéticos. En este capítulo mostramos cómo los diversos desafíos de la construcción sostenible pueden superarse mediante una gestión efectiva.

3. 1 Organización de la obra

La organización eficiente de la obra es fundamental para la construcción sostenible. Influye en el consumo de recursos, las emisiones y la viabilidad económica del proyecto en su conjunto. Desde la planificación logística hasta la adquisición de materiales y la gestión del personal, es necesario coordinar procesos complejos y superar numerosos desafíos. La organización óptima de la obra minimiza los impactos ambientales negativos y aumenta la probabilidad de éxito del proyecto. Siga leyendo para conocer los factores decisivos para una organización exitosa de la obra.

Una organización de obras efectiva y sostenible requiere una planificación logística integral que integre modelos digitales, procesos claros y la consideración de todos los recursos, incluido el personal cualificado, a lo largo de todo el ciclo de vida del proyecto de construcción.

Planificación logística

La planificación logística en las obras influye significativamente en la eficiencia de los procesos de construcción, ya que representa una gran parte de los movimientos de carga urbana [s18]. Una logística bien planificada puede llevar a menos congestiones de tráfico y menores emisiones de contaminantes, especialmente mediante el establecimiento de centros de consolidación en la obra, que reducen el número de entregas [s18]. Sin embargo, la organización de la logística varía considerablemente. Algunos subcontratistas gestionan sus materiales por sí mismos, mientras que otros emplean su propio equipo logístico [s18]. La accesibilidad de la obra, es decir, el número de entradas y salidas, así como la configuración general, influye en la frecuencia y los tiempos de entrega, y por ende en la planificación total [s18]. Los centros de consolidación optimizan los flujos de materiales y aumentan la rentabilidad mediante un mejor uso de la mano de obra y los materiales [s18]. Las simulaciones demuestran las ventajas ambientales y de costos de tales centros, incluida la reducción de las coemissionen [s18]. La planificación logística es esencial para los contratistas en la fase de movilización y construcción [s19]. La integración de modelos digitales en la planificación logística permite reducir las entregas, la gestión de residuos, el ruido y las emisiones de CO2, así como la carga de tráfico [s19]. Para una planificación efectiva en un entorno digital, se requieren datos específicos: un modelo 3D estructurado jerárquicamente, una estructura de trabajo, un cronograma detallado, restricciones de recursos y definiciones de instalaciones temporales [s19]. Las actividades individuales deben dividirse en operaciones de trabajo para facilitar la planificación logística [s19]. Mediante software para modelos digitales, se pueden crear modelos de diseño dinámico que consideren la duración real que requieren las instalaciones y equipos temporales en las diferentes fases de construcción [s19]. La planificación de la logística de la obra se lleva a cabo en tres pasos: colocación de las instalaciones temporales y áreas de almacenamiento, definición del cronograma y asignación de recursos, así como modelado y extracción del diseño dinámico de la obra [s19]. En el cronograma detallado, cada actividad debe representarse como una operación de trabajo para permitir la simulación de movimientos de maquinaria y manejo de materiales [s19]. Un ejemplo de esto sería la planificación detallada del proceso de vertido de concreto, donde se deben coordinar la entrega del concreto, la ubicación de la bomba de concreto y el movimiento de los trabajadores. Dado que actualmente no existe un estándar uniforme para la planificación logística en el entorno de modelos digitales, es necesaria una mayor estandarización [s19]. Un estándar uniforme podría mejorar la interoperabilidad de diversas soluciones de software y simplificar el intercambio de datos entre los participantes del proyecto.

Modelo 3D [i21]

Logística de obra [i22]

Bueno saber

Centro de consolidación

Un lugar central fuera o al borde de la obra, donde se recogen, clasifican y almacenan temporalmente los materiales de construcción antes de ser distribuidos según la demanda a los respectivos oficios. Esto reduce el número de entregas y minimiza la carga de tráfico.

Interoperabilidad

La capacidad de diferentes soluciones de software para intercambiar datos e interactuar entre sí. Un estándar uniforme para la planificación logística mejoraría la interoperabilidad y simplificaría el intercambio de datos entre los participantes del proyecto.

Subcontratista

Empresas contratadas por un contratista general para ejecutar partes del trabajo de construcción. Su gestión de materiales puede afectar la logística general y debe ser considerada en la planificación.

Flujo de materiales en la obra

Emisiones de CO2 por grupo de materiales

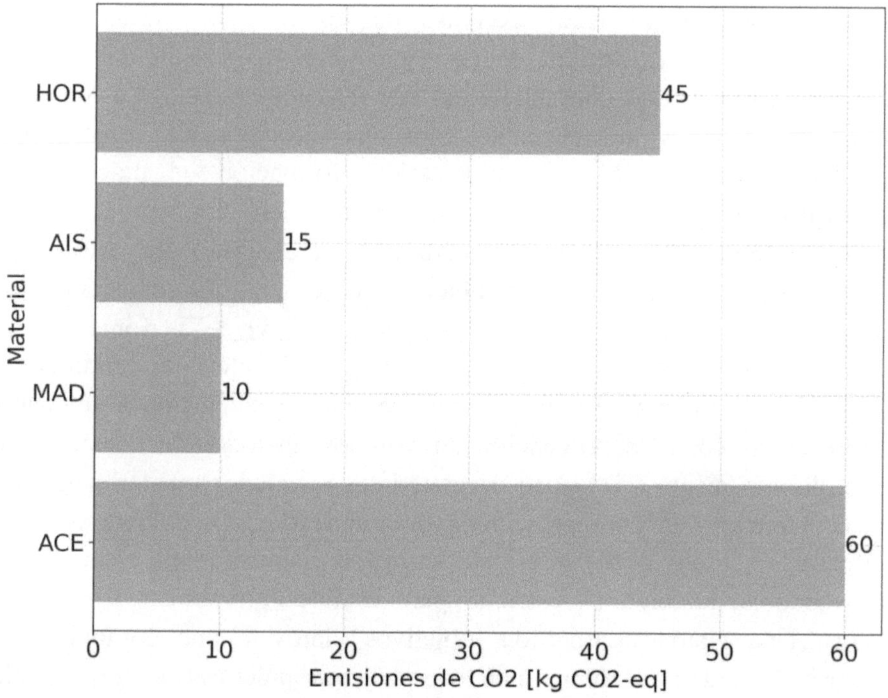

ACE: Acero

HOR: Hormigón

AIS: Aislantes

MAD: Madera

La mayor parte de las emisiones de CO2 se genera por el transporte de hormigón, seguido del acero. La madera y los materiales aislantes tienen un impacto significativamente menor. Esto demuestra la necesidad de optimizar las rutas de transporte para materiales pesados y considerar materiales alternativos con una huella de carbono más baja.

Gestión de recursos

La gestión de recursos en la construcción abarca mucho más que el uso eficiente de materiales. Integra aspectos ecológicos, sociales y económicos a lo largo de todo el ciclo de vida de un proyecto de construcción, desde la planificación y ejecución hasta la demolición [s20]. Además de los recursos clásicos como materiales de construcción, energía y capital, la gestión del recurso humano también está cobrando cada vez más importancia. La mano de obra calificada es indispensable para una ejecución de construcción productiva y sostenible. Su motivación, formación en prácticas de construcción ecológicas y la integración en los procesos de planificación contribuyen significativamente al éxito del proyecto [s21]. Una gestión de personal orientada a objetivos que considere los aspectos ecológicos ("gestión de personal verde") fomenta un comportamiento ambientalmente consciente y fortalece el rendimiento sostenible de la empresa [s21]. Por ejemplo, capacitaciones regulares sobre temas como la prevención de residuos, métodos de construcción que ahorran recursos o el uso de materiales reciclados pueden aumentar la conciencia y la competencia de los empleados. La colaboración de diferentes actores, desde el cliente hasta los planificadores, ejecutores y proveedores, también es esencial para establecer prácticas sostenibles [s22]. Una visión compartida, objetivos claros y una comunicación abierta fomentan el intercambio de mejores prácticas y permiten la optimización continua de la gestión de recursos. La sostenibilidad económica se puede monitorear con herramientas como la Gestión del Valor Ganado (EVM), que proporciona información sobre la eficiencia del uso de recursos a través de indicadores como el Índice de Rendimiento de Costos (CPI) [s23]. Considerar incertidumbres y datos potencialmente poco fiables es importante para una evaluación realista [s23]. Métodos como lógica difusa pueden ayudar a manejar estas imprecisiones y llegar a decisiones más fundamentadas en la gestión de recursos [s23]. Un enfoque holístico que considere los tres pilares de la sostenibilidad –ecología, social y economía– crea ventajas competitivas a largo plazo y contribuye a una industria de la construcción sostenible [s20].

Sostenibilidad [i23]

Bueno saber

Ciclo de vida

Considera todo el período de un proyecto de construcción, desde la planificación y la construcción hasta la demolición y la eliminación, para minimizar los impactos ambientales en cada fase y utilizar los recursos de manera efectiva.

Gestión de personal verde

Fomenta el comportamiento ambientalmente consciente de los empleados a través de capacitaciones e incentivos para mejorar la sostenibilidad en la obra. Incluye la selección y promoción de empleados comprometidos con la sostenibilidad, así como la implementación de métodos de trabajo ecológicos.

Lógica difusa

Un método matemático que maneja datos imprecisos y vagos, como los que a menudo ocurren en la gestión de recursos. Permite evaluaciones y decisiones más realistas al considerar las incertidumbres.

Utilización de Recursos en una Obra de Construcción Sostenible

Comparación de la utilización de recursos en diferentes fases de construcción

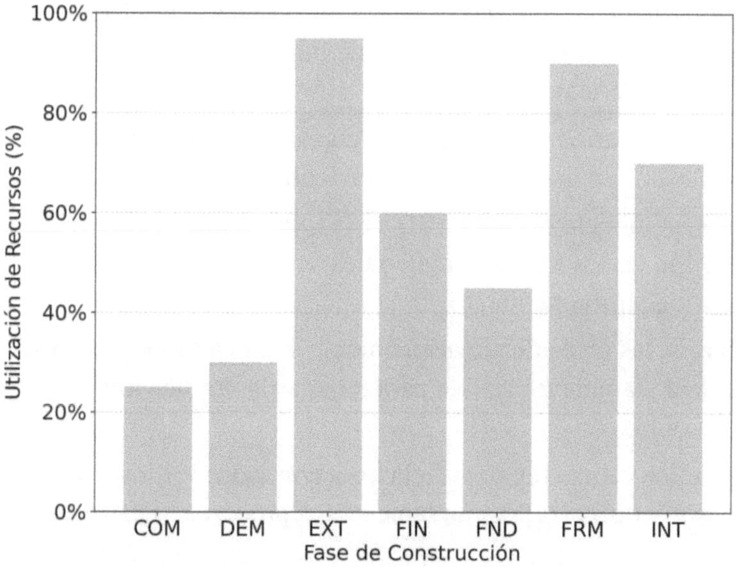

COM: Puesta en Marcha

DEM: Demolición y Excavación

EXT: Exterior

FIN: Acabados

FND: Cimentación

FRM: Estructura

INT: Interior

Los datos revelan variaciones significativas en la utilización de recursos durante el ciclo de vida del proyecto. Las fases iniciales (Demolición y Excavación y Cimentación) muestran una utilización relativamente baja, probablemente debido a las actividades de movilización y configuración. La utilización máxima ocurre durante las fases de Estructura y Exterior, lo que indica una alta demanda de recursos durante estas etapas críticas de construcción. Se observa una disminución posterior en el uso de recursos durante Interior y Acabados, cuando las tareas especializadas y equipos más pequeños toman el control. La fase final de Puesta en Marcha exhibe la utilización más baja, reflejando la finalización de las principales actividades de construcción y un enfoque en pruebas y entrega.

Consejos concretos

- Utilice la "Hora Dorada" por la mañana para trabajos intensivos en ruido, con el fin de minimizar la carga para los residentes.
- Establezca un punto de entrega de materiales centralizado para evitar caminos innecesarios y tiempos de búsqueda, y para controlar el consumo de materiales.
- Acorde horarios de entrega fijos con sus subcontratistas para reducir los atascos en la obra y en los alrededores.
- Cree un modelo digital en 3D de la logística de la obra para simular y optimizar los flujos de materiales, los movimientos de grúas y las áreas de almacenamiento.
- Marque las áreas de almacenamiento y los caminos de transporte de manera claramente visible para mejorar la orientación y la seguridad en la obra.
- Organice visitas regulares a la obra con todos los involucrados para revisar y optimizar conjuntamente los procesos logísticos.
- Opte por contenedores y empaques reutilizables para reducir residuos y fomentar la economía circular.
- Utilice drones para la supervisión y el inventario de la obra, ahorrando tiempo y manteniendo una visión general.
- Implemente un diario digital de la obra para registrar y evaluar de manera central toda la información relevante sobre la logística.
- Realice capacitaciones para sus empleados sobre logística de obra eficiente y segura.
- Desarrolle un sistema de recompensas para subcontratistas que se destaquen por una logística especialmente buena.
- Analice regularmente los costos logísticos e identifique potenciales de ahorro.

3. 2 Aseguramiento de la calidad

La garantía de calidad en la gestión de la construcción de casas sostenibles abarca la documentación y la gestión de defectos a lo largo de todo el ciclo de vida. La documentación continua de todos los procesos y materiales asegura la trazabilidad y constituye la base para una construcción eficiente en recursos y decisiones posteriores. Una gestión efectiva de defectos minimiza errores, costos y retrasos, al detectar y corregir desviaciones de los estándares de calidad de manera temprana. Descubra cómo aprovechar al máximo estos factores decisivos para el éxito de su proyecto de construcción sostenible.

La documentación completa sobre todo el ciclo de vida es la clave para la garantía de calidad y la gestión exitosa de defectos en la construcción sostenible.

Documentación

La documentación en la construcción sostenible abarca la recopilación y conservación sistemática de toda la información relevante sobre el ciclo de vida completo de un edificio. Esto comienza en la fase de planificación con la documentación de los requisitos del edificio, la selección de materiales y el método de construcción. También la documentación del origen de los materiales de construcción, su composición y su compatibilidad ambiental adquiere cada vez más importancia en el contexto de la construcción sostenible. Esta información no solo sirve para la transparencia y la trazabilidad, sino que también permite una evaluación posterior de la sostenibilidad del edificio [s24]. Durante la fase de construcción, se documentan todos los trabajos realizados, los controles de calidad y cualquier desviación del plan. Así, se puede rastrear con precisión qué pasos se llevaron a cabo y si se cumplieron los estándares de calidad [s25]. De manera similar a la inspección de materiales compuestos de micelio, donde la documentación de todos los pasos de producción, desde la adquisición de materias primas hasta el control de calidad, es crucial, en la construcción cada paso también debe ser rastreable [s24]. La documentación de los trabajos de mantenimiento y conservación durante la operación permite una gestión eficiente del edificio y contribuye a la preservación del valor. Piense en la revisión regular del aislamiento o el control del sistema de calefacción: todo esto debe ser documentado para garantizar a largo plazo la eficiencia energética del edificio. Al final del ciclo de vida, la documentación sirve como base para la demolición y el reciclaje de materiales. Por ejemplo, la documentación sobre el material aislante utilizado en el techo puede ser crucial para su correcta eliminación o reutilización. Una documentación completa sobre todas las fases del ciclo de vida del edificio, desde la planificación hasta la construcción y operación, hasta la demolición, permite un control de calidad integral, optimiza la gestión de recursos y apoya la toma de decisiones en cada fase. Una documentación continua de todos los procesos y materiales crea transparencia y facilita la colaboración de todos los involucrados en la construcción.

Control de calidad [i24]

Bueno saber

Estándares de calidad

Los estándares de calidad en la construcción sostenible definen criterios medibles para la calidad de los materiales, los procesos de construcción y el edificio terminado. Sirven como base para la garantía de calidad y aseguran que el edificio cumpla con los requisitos de sostenibilidad, funcionalidad y durabilidad.

Trazabilidad

La trazabilidad en la construcción sostenible asegura que el origen y el recorrido de los materiales y componentes puedan ser rastreados a lo largo de todo el ciclo de vida de un edificio. Esto es importante para la garantía de calidad, la sostenibilidad y en caso de defectos o retiradas.

Documentación en Proyectos de Construcción Sostenible

Distribución de tipos de documentación para el aseguramiento de la calidad en proyectos de construcción sostenible.

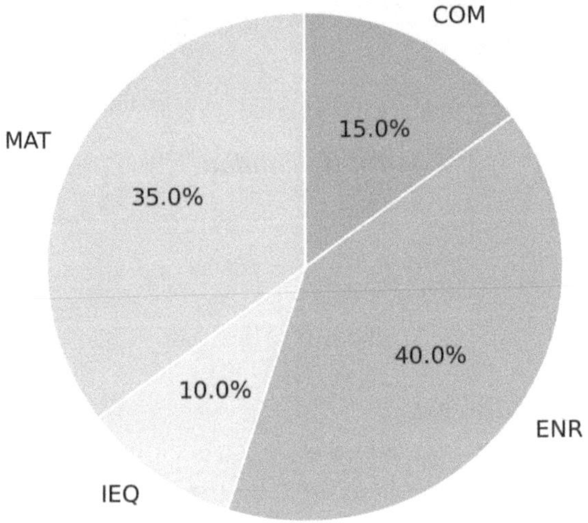

COM: Documentos de Puesta en Marcha (Informes de prueba, verificaciones de sistemas)	ENR: Rendimiento Energético (Cálculos, simulaciones, certificados)
IEQ: Calidad Ambiental Interior (Informes de calidad del aire, análisis de luz natural)	MAT: Certificaciones de Materiales (Eco-etiquetas, información de origen)

La mayor parte de la documentación se relaciona con el rendimiento energético, reflejando su papel crítico en la construcción sostenible. Las certificaciones de materiales también son prominentes, lo que indica un enfoque en el abastecimiento sostenible. Si bien la documentación de puesta en marcha es menor, es crucial para verificar el rendimiento del sistema. La proporción relativamente pequeña dedicada a la calidad ambiental interior sugiere un potencial para aumentar el enfoque en esta área.

Gestión de Defectos

La gestión de defectos en la construcción sostenible va más allá de la mera documentación e incluye la recopilación, análisis y tratamiento sistemático de las desviaciones de los estándares de calidad requeridos [s26]. Una gestión de este tipo asegura que los proyectos de construcción cumplan con los requisitos, tanto los deseos de los clientes como las disposiciones legales. La gestión de defectos no se centra únicamente en la fase de construcción, sino que abarca todo el lebenszyklus de un edificio, desde la planificación hasta la ejecución, operación y desmantelamiento. Un sistema funcional para el tratamiento de defectos comienza con una clara definición de los requisitos de calidad e incluye la determinación de puntos de control en el proceso de construcción, donde se verifica la calidad [s27]. En estos puntos, que cubren todo el ciclo de vida del edificio, se toman decisiones críticas que afectan a la calidad del edificio a largo plazo. Por ejemplo, el control del grosor del material aislante durante la fase de construcción puede asegurar que la eficiencia energética deseada se logre más tarde en la operación del edificio. La detección y tratamiento tempranos de defectos minimizan el trabajo de corrección y, por lo tanto, evitan costos y retrasos. La integración de tecnologías digitales puede aumentar significativamente la eficiencia de la gestión de defectos [s26]. Las herramientas digitales permiten una documentación continua, facilitan la comunicación entre las partes involucradas y apoyan el análisis de las causas de los defectos. Las tecnologías digitales se utilizan principalmente en la fase de ejecución y contribuyen así a la mejora de la calidad durante la construcción. Un sistema digital de gestión de defectos, que almacena toda la información relevante de manera centralizada, permite un acceso rápido a los datos y facilita la colaboración de todos los involucrados en la construcción. La vinculación de sistemas digitales de gestión de defectos con el Modelado de Información de Construcción (BIM) permite, además, visualizar y documentar defectos directamente en el modelo 3D. Además de los aspectos técnicos, las regulaciones contractuales también juegan un papel importante en la gestión de defectos [s28]. Contratos claros entre todas las partes involucradas, especialmente con los proveedores, minimizan las incertidumbres y contribuyen a un proceso fluido. Por lo tanto, es esencial la participación activa de los actores de la cadena de suministro en el proceso de gestión de defectos. Incentivos e información insuficientes de los stakeholders externos pueden llevar a incertidumbres que deben evitarse. Una reforma de los instrumentos regulatorios por parte de los stakeholders externos puede ayudar a minimizar las incertidumbres y, por lo tanto, promover la calidad en la construcción. La consideración de características de calidad técnicas, ambientales y sociales en un modelo de calidad integral permite una evaluación completa de los procesos y productos en la construcción [s27]. La interacción de estos diferentes aspectos de calidad representa una tarea compleja, pero es crucial para una gestión de defectos exitosa y sostenible. Así, un defecto en la ejecución de la envoltura del edificio puede no solo afectar la eficiencia energética (aspecto técnico), sino también el confort de los ocupantes (aspecto social) y la sostenibilidad ambiental del edificio (aspecto ecológico).

Bueno saber

Modelado de Información de Construcción

Un método digital para la planificación, ejecución y gestión de proyectos de construcción. BIM crea un modelo 3D digital del edificio que contiene toda la información relevante y puede ser utilizado por todas las partes involucradas. Esto permite una mejor coordinación y prevención de errores.

Cadena de suministro

La secuencia completa de procesos necesarios para la producción y entrega de materiales y componentes de construcción, desde la obtención de materias primas hasta la entrega en el sitio de construcción. Una cadena de suministro sostenible se preocupa por la sostenibilidad ambiental y la responsabilidad social en cada paso.

Stakeholders

Personas o grupos involucrados que tienen un interés en el éxito de un proyecto de construcción, como inversores, arquitectos, trabajadores de la construcción o la población local.

Gestión de Defectos en Construcción Sostenible

Frecuencia, gravedad y tiempo de resolución de defectos de construcción.

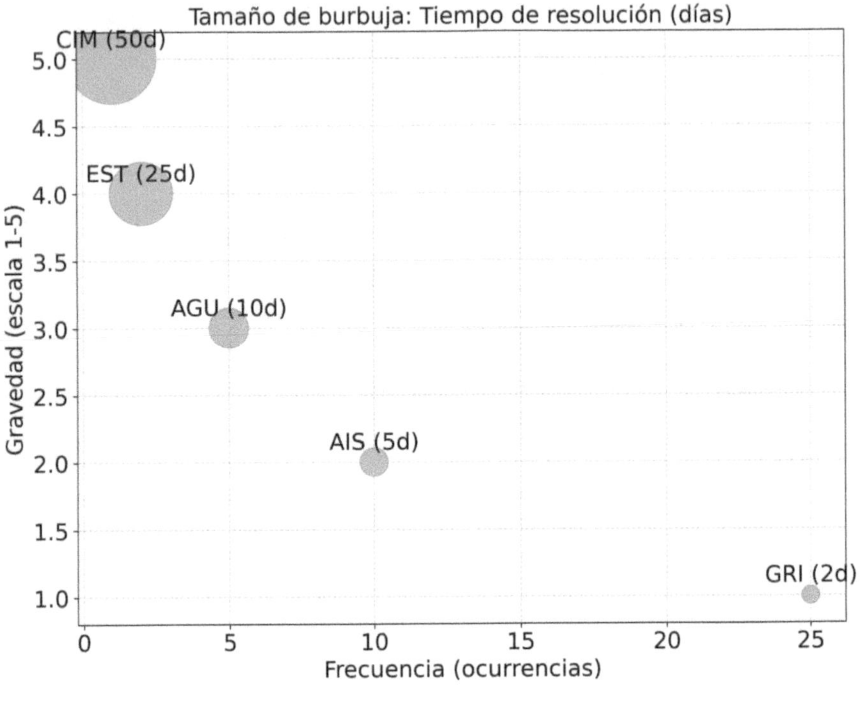

Blasengröße: Tiempo de Resolución (días)

AGU: Fugas de Agua

AIS: Problemas de Aislamiento

CIM: Problemas de Cimentación

EST: Problemas Estructurales

GRI: Grietas

La mayoría de los defectos son de baja gravedad y se resuelven rápidamente. Sin embargo, algunos defectos de alta gravedad requieren significativamente más tiempo para resolverse, impactando los plazos y costos del proyecto. Enfocarse en prevenir estos defectos de alta gravedad podría llevar a ganancias significativas en eficiencia.

Consejos concretos

- Realice recorridos regulares con todos los participantes del proyecto para identificar y discutir de manera temprana posibles deficiencias de calidad.
- Establezca un sistema de gestión de defectos digital con función de foto y comentario, que permita a todos los involucrados acceder en cualquier momento a información actualizada.
- Asigne patrocinios para componentes o oficios individuales a los participantes del proyecto que sean responsables de la garantía de calidad en su área.
- Desarrolle un sistema de semáforo para visualizar el estado de calidad de las distintas etapas de construcción, con el fin de representar el progreso de manera transparente.
- Realice controles de calidad no solo de manera aleatoria, sino en todas las interfaces relevantes entre oficios.
- Elabore listas de verificación para los criterios de calidad más importantes de cada oficio, que sirvan como base para la aceptación.
- Organice talleres para desarrollar conjuntamente enfoques de solución para problemas de calidad recurrentes.
- Utilice modelos 3D para recorrer virtualmente componentes complejos y sus conexiones, y detectar posibles debilidades de manera anticipada.
- Integre el control de calidad en el cronograma de construcción, para planificar tiempo suficiente para revisiones cuidadosas.
- Recompense el rendimiento excepcional en la garantía de calidad mediante premios o reconocimiento público.
- Analice sistemáticamente las causas de las deficiencias de calidad, para derivar medidas preventivas para futuros proyectos.

3. 3 Coordinación

La coordinación en la gestión de la construcción de casas sostenibles minimiza los conflictos entre oficios y optimiza así costos, tiempo y calidad. Desde la verificación de colisiones en modelos 3D hasta la integración de BIM y la aplicación de blockchain, existen diversas estrategias para gestionar los complejos flujos de información y mejorar la colaboración de todos los involucrados. La prevención de errores de planificación y la resolución temprana de conflictos son cruciales para el éxito del proyecto. Descubra en este capítulo cómo superar estos desafíos.

En la construcción sostenible, la coordinación efectiva, similar a la orquestación en organizaciones complejas, es la clave del éxito del proyecto, ya que minimiza conflictos, fomenta la transparencia y permite una planificación eficiente de recursos.

Coordinación de gremios

La coordinación de gremios en la construcción sostenible implica la coordinación temprana y continua de todos los gremios involucrados en la construcción, con el fin de minimizar conflictos y los costos y retrasos asociados. Una tarea central es evitar colisiones en el dmodell, que pueden surgir debido a diferentes estados de planificación o datos inexactos. Un método de coordinación secuencial, en el que los gremios presentan su planificación uno tras otro y se coordinan, puede reducir la cantidad de conflictos y reuniones necesarias [s29]. Esto contrasta con un método paralelo, donde todos los gremios planifican simultáneamente. Un modelo centralizado, accesible para todos los involucrados, permite una colaboración efectiva y conduce a una mayor calidad del producto final [s30]. El uso de Modelado de Información de Construcción (BIM) facilita la visualización y coordinación de los gremios mecánicos, eléctricos y sanitarios (MEP), que tradicionalmente ocupan una parte significativa del tiempo del proyecto [s29]. A través de la integración de BIM en la computación en la nube, los diferentes gremios pueden integrar y coordinar mejor sus planificaciones, incluso en la fase de diseño. Las tecnologías de detección de conflictos permiten identificar y resolver colisiones de manera temprana, antes de que se conviertan en problemas en el sitio de construcción. La responsabilidad de una coordinación fluida de gremios recae en el gerente de proyecto, quien coordina todas las tareas relacionadas con el diseño del edificio y supervisa las actividades asociadas [s30]. Se asegura de que toda la información en las diferentes fases del modelo sea correcta y completa, y verifica responsabilidades y cambios en caso de inconsistencias detectadas. La supervisión de los flujos de datos y el control de la calidad de la información entre los gremios también son parte de sus responsabilidades. En proyectos complejos con muchos involucrados, la detección y resolución temprana de conflictos por parte del gerente de proyecto es especialmente importante. La capacitación del personal en tecnologías BIM es crucial para evitar malentendidos y problemas de comunicación [s29]. Además, tecnologías avanzadas como el aprendizaje automático en combinación con BIM pueden aumentar aún más la eficiencia de la coordinación y reducir conflictos irrelevantes [s29]. La integración de tecnología blockchain en la gestión de edificios ofrece un potencial adicional para mejorar la coordinación de gremios [s31]. Los contratos inteligentes permiten una gestión segura y transparente de los cambios en los modelos y ayudan a definir claramente las responsabilidades. Un sistema basado en blockchain orientado al usuario puede proporcionar una plataforma común para todos los participantes del proyecto y apoyar la coordinación de la información, así como el logro de objetivos de diseño sostenible. Sin embargo, también deben considerarse los riesgos técnicos, financieros y legales asociados con la aplicación de la tecnología blockchain [s31]. Un ejemplo de esto sería el almacenamiento de datos BIM y cambios en esos datos en la blockchain, para garantizar una documentación a prueba de manipulaciones de todo el proceso de planificación. Esto podría ayudar, entre otras cosas, a evitar disputas sobre responsabilidades y la correcta ejecución de cambios en la planificación.

Bueno saber

Gremios mecánicos, eléctricos y sanitarios (MEP)
Estos gremios son especialmente importantes en la construcción sostenible para la integración de sistemas energéticamente eficientes y tecnologías que ahorran recursos. Su coordinación es crucial para la funcionalidad y sostenibilidad del edificio.

Tecnologías de detección de conflictos
Soluciones de software que detectan inconsistencias y colisiones en modelos digitales de edificios. En la construcción sostenible, estas tecnologías ayudan a identificar errores de planificación de manera temprana y a garantizar la implementación de medidas sostenibles.

Método de coordinación secuencial
En este método, las planificaciones de los diferentes gremios se integran y coordinan una tras otra, para reducir la complejidad de la coordinación en la construcción sostenible y facilitar el control de los cambios.

Modelado de Información de Construcción (BIM)
Un método de modelado digital que reúne toda la información relevante sobre un edificio en un modelo central. BIM apoya la coordinación de gremios y la implementación de métodos de construcción sostenibles a través de una mejor visualización y análisis de datos.

Esfuerzo de coordinación de oficios

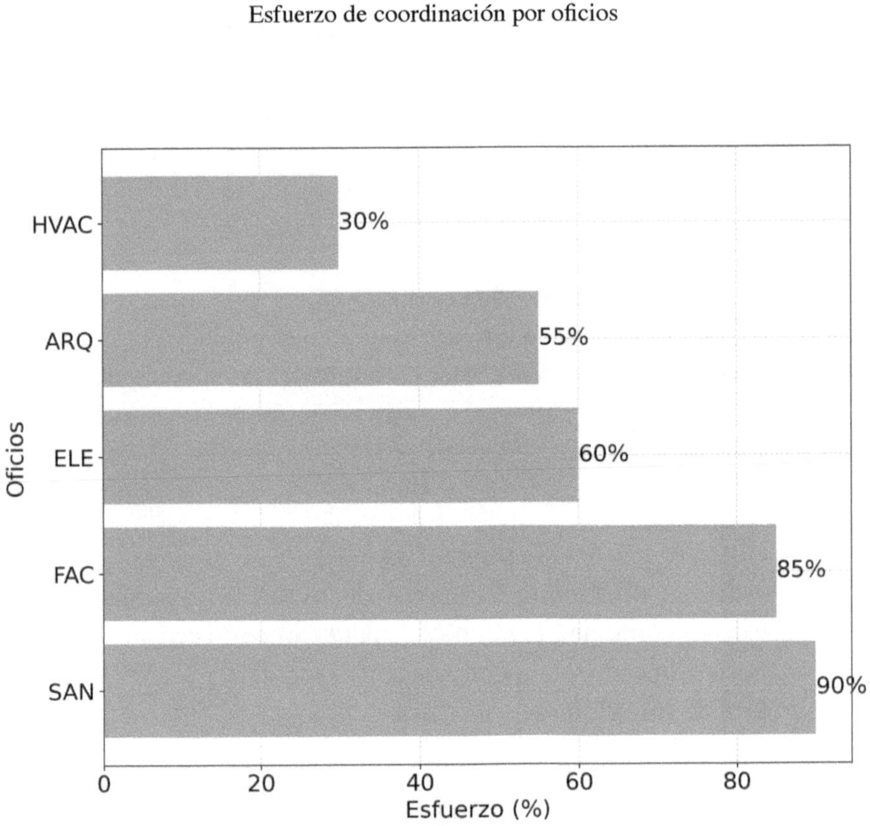

ARQ: Arquitectura

FAC: Fachada

SAN: Sanitario

ELE: Eléctrico

HVAC: Calefacción, Ventilación y Aire Acondicionado

El gráfico de barras horizontal visualiza el esfuerzo de coordinación relativo de varios oficios en la construcción sostenible. HVAC y arquitectura requieren el mayor esfuerzo de coordinación, mientras que eléctrico y fachada requieren un esfuerzo menor pero aún significativo. Sanitario requiere el menor esfuerzo.

Control de plazos

El control de los plazos en el proceso de construcción influye de manera decisiva en el éxito del proyecto en la construcción sostenible. Una planificación temporal precisa, que tenga en cuenta todas las dependencias entre los diferentes paquetes de trabajo, constituye la base para una ejecución eficiente del proyecto. En este sentido, no solo es necesario calcular la duración de los diferentes oficios, sino también planificar las entregas entre ellos, incluyendo los necesarios tiempos de reserva para eventos imprevistos. Al igual que la planificación anticipada de plazos en otras áreas, como se describe en [s32], una planificación de plazos proactiva en la construcción aumenta la eficiencia y ayuda a identificar posibles retrasos de manera temprana. Un cronograma detallado sirve como instrumento de comunicación y permite a todos los involucrados seguir el progreso del proyecto de manera transparente y reaccionar a tiempo ante desviaciones. Para la implementación, se recomienda el método del camino crítico, que identifica el camino más largo a través de la red del proyecto y, por lo tanto, determina la fecha de finalización más temprana posible. Todas las actividades en este camino son críticas, ya que cualquier retraso en estos trabajos afecta directamente la fecha total. El conocimiento del camino crítico permite al gerente del proyecto utilizar recursos de manera específica y realizar ajustes si es necesario. Por ejemplo, se pueden lograr ganancias de tiempo mediante la optimización de flujos de trabajo críticos o la aceleración de oficios individuales. Al igual que el ajuste en tiempo real en el suministro de energía, como se explica en [s33], la supervisión continua y el ajuste del cronograma de construcción permiten una reacción flexible a eventos imprevistos y contribuyen a la estabilidad del proceso del proyecto. Además de la planificación temporal en sí, la comunicación juega un papel decisivo en el éxito del control de plazos. Reuniones de construcción regulares, donde se discute el estado actual del proyecto con todos los involucrados, sirven para el intercambio de información y la identificación temprana de problemas potenciales. En este contexto, no solo deben comunicarse los avances, sino también las dificultades y los ajustes necesarios en el cronograma de manera abierta. La documentación de los resultados de las reuniones y la disponibilidad transparente de toda la información relevante para todos los involucrados son esenciales para una colaboración fluida. Una plataforma de proyecto digital puede ofrecer un valioso apoyo al permitir el acceso central a todos los documentos e información relevantes y simplificar la comunicación entre los participantes del proyecto. Al involucrar a todos los oficios en la planificación de plazos desde el principio y mantener una comunicación transparente, se pueden minimizar los conflictos y garantizar una ejecución eficiente del proyecto. De este modo, se asegura un desarrollo fluido y el proyecto puede completarse a tiempo y dentro del presupuesto establecido. Un control de plazos bien pensado y gestionado activamente contribuye de manera significativa al éxito de un proyecto de construcción sostenible.

Camino Crítico [i25]

Reunión de obra [i26]

Cumplimiento del Cronograma en Construcción Sostenible

Comparación del cronograma planificado vs. real para prácticas de construcción sostenible.

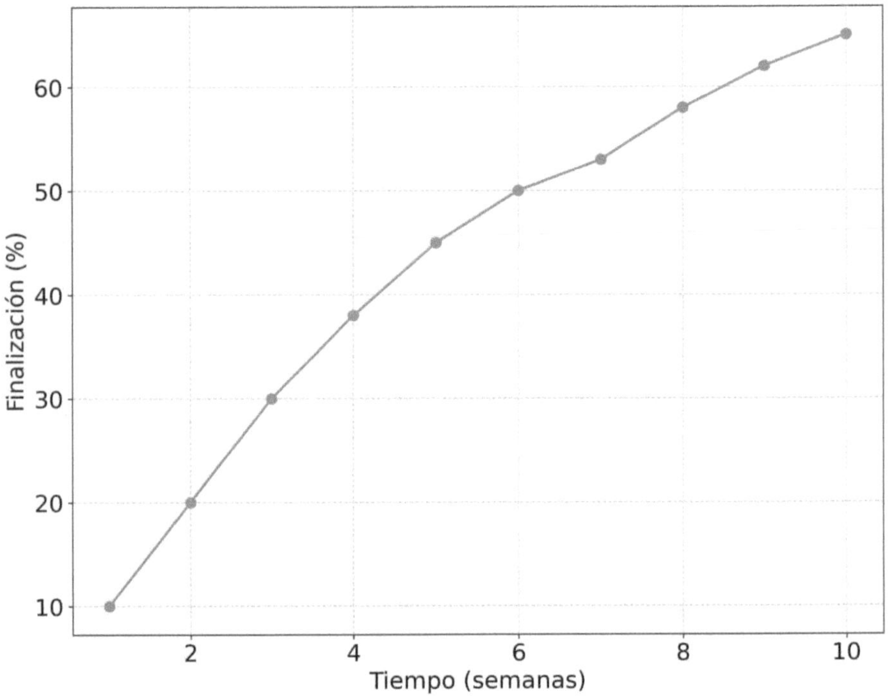

El gráfico indica el cumplimiento inicial del cronograma planificado, seguido de retrasos crecientes, potencialmente debido a complejidades imprevistas en la construcción sostenible. La divergencia destaca la necesidad de una planificación de contingencia robusta y una gestión proactiva de los proyectos de construcción sostenible para minimizar las desviaciones y asegurar la finalización oportuna.

Gestión de conflictos

La gestión de conflictos en la construcción es indispensable para el éxito del proyecto y afecta el cumplimiento de plazos y presupuestos. Diferentes perspectivas e intereses de los involucrados – arquitectos, planificadores, contratistas y clientes – pueden llevar a discrepancias. Una gestión efectiva de conflictos incluye la identificación temprana de posibles fuentes de conflicto, el análisis de las causas y el desarrollo de soluciones conjuntas. Al igual que en la coordinación de organizaciones internacionales, donde la falta de liderazgo y mandatos poco claros conducen a dificultades de coordinación [s34], en la construcción, la ausencia de una responsabilidad clara para la resolución de conflictos puede resultar en ineficiencia y retrasos. Por lo tanto, es recomendable designar una instancia central, comparable al "orquestador" en el contexto internacional [s34], que coordine la resolución de conflictos y promueva estrategias de solución de problemas conjuntas. Los conflictos a menudo surgen por una comunicación poco clara, deficiencias de información o diferentes interpretaciones de los términos contractuales. Un briefing detallado del proyecto, documentación transparente y reuniones regulares entre los participantes del proyecto minimizan el riesgo de malentendidos. Las plataformas digitales que permiten a todos los involucrados acceder a planes, documentos y registros de comunicación actualizados apoyan el flujo de información y fomentan la transparencia. De este modo, los conflictos pueden ser identificados y resueltos tempranamente, antes de que escalen y afecten el progreso del proyecto. Las dimensiones de la coordinación, como la gestión del conocimiento interorganizacional y la solución conjunta de problemas [s34], también se aplican en la construcción. El intercambio de conocimientos especializados y la elaboración conjunta de soluciones son esenciales para una gestión efectiva de conflictos. Un proceso de resolución de conflictos estructurado abarca varias fases: - la definición del conflicto y de las partes involucradas, - el análisis de las causas del conflicto, - el desarrollo de opciones de solución en coordinación conjunta y - la fijación vinculante de las medidas acordadas. La documentación de la resolución del conflicto y la revisión de la implementación son pasos importantes para asegurar que el conflicto se resuelva de manera sostenible. En caso de conflictos graves que no se pueden resolver internamente, puede ser útil la intervención de un mediador externo. Este apoya a las partes en conflicto en la búsqueda de una solución consensuada. Una cultura de conflicto bien establecida, basada en la comunicación abierta, el respeto mutuo y la colaboración constructiva, contribuye a gestionar los conflictos de manera efectiva y a completar el proyecto con éxito. Al igual que en arreglos internacionales fragmentados [s34], donde la falta de un actor dominante conduce a una falta de iniciativa, en la construcción, la pasividad en la resolución de conflictos puede tener consecuencias negativas. Por lo tanto, la acción proactiva y la asunción de responsabilidades son cruciales para una gestión eficiente de conflictos. Un ejemplo de esto sería la convocatoria temprana de un taller de resolución de conflictos ante discrepancias sobre el diseño de la fachada, para desarrollar conjuntamente una solución que satisfaga tanto las exigencias estéticas del arquitecto como los requisitos técnicos del contratista. La documentación de los resultados en un acta de cambios, accesible a todos los involucrados, asegura la transparencia y previene futuros conflictos.

Bueno saber

Cultura de conflicto
Una actitud positiva hacia la resolución de conflictos en la construcción sostenible, que se basa en la comunicación abierta y el respeto, y contribuye a soluciones constructivas, por ejemplo, en la planificación de procesos de reciclaje en el sitio de construcción.

Gestión de conflictos
En la construcción sostenible, la gestión de conflictos incluye la detección temprana y la resolución de discrepancias, por ejemplo, en la selección de materiales sostenibles, para no poner en peligro los objetivos del proyecto.

Proceso de resolución de conflictos
Un proceso estructurado para resolver conflictos en la construcción sostenible, que incluye la definición del problema, el análisis de las causas, el desarrollo de soluciones y la implementación de los acuerdos. Un ejemplo sería la aclaración de discrepancias en la integración de sistemas de recolección de agua de lluvia.

Fuentes Potenciales de Conflicto en la Coordinación de Construcción Sostenible

Distribución de fuentes potenciales de conflicto durante la coordinación de la construcción.

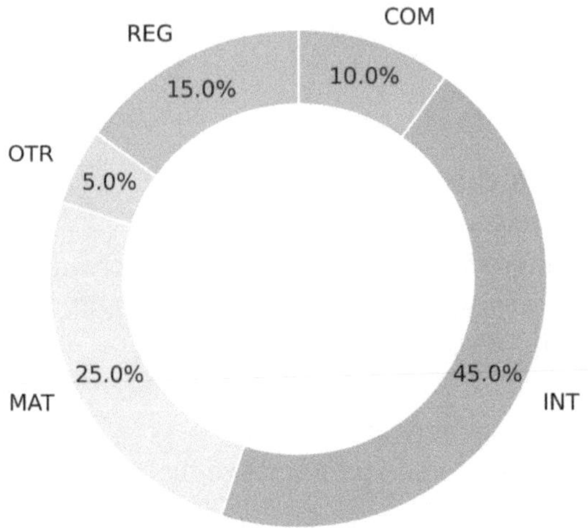

COM: Comunicación y Flujo de Información

MAT: Disponibilidad y Logística de Materiales

REG: Cumplimiento Normativo y Aprobaciones

INT: Conflictos de Interfaz (BIM, MEP, etc.)

OTR: Otros (ej., Cambios de Presupuesto, Condiciones del Sitio)

La visualización destaca que los conflictos de interfaz representan la fuente más significativa de conflicto potencial, enfatizando la necesidad de una coordinación BIM robusta y protocolos de comunicación claros. Si bien la disponibilidad de materiales y el cumplimiento normativo también son factores notables, sus proporciones más bajas sugieren que la planificación proactiva y el compromiso de las partes interesadas pueden mitigar eficazmente estos riesgos. Abordar el problema dominante de los conflictos de interfaz debe ser prioritario para garantizar una entrega fluida del proyecto en la construcción sostenible.

Consejos concretos

- Utilice un calendario digital compartido para hacer transparente la disponibilidad de todos los oficios para reuniones y citas en la obra.
- Cree un "diario de coordinación" en el que se registren todas las decisiones, acuerdos y cambios relevantes.
- Establezca vías y horarios de comunicación fijos para los oficios, con el fin de estructurar el flujo de información y evitar malentendidos.
- Organice "sprints de coordinación" regulares con los oficios más importantes para aclarar de manera enfocada las interfaces críticas.
- Visualice las responsabilidades para la coordinación de los distintos oficios mediante una matriz de roles y tareas.
- Establezca un "tablero de coordinación" que represente de manera clara el estado actual de la coordinación entre oficios.
- Realice "chequeos de interfaces", donde los oficios revisen conjuntamente las transiciones críticas de su trabajo.
- Desarrolle un sistema de bonificación para los oficios que se destaquen por una coordinación especialmente buena.
- Establezca una cultura de retroalimentación en la que los oficios intercambien regularmente sus experiencias sobre la coordinación y presenten propuestas de mejora.
- Apueste por elementos de gamificación para aumentar la motivación de los oficios hacia una coordinación óptima (por ejemplo, otorgar puntos por acuerdos cumplidos a tiempo).
- Organice un "premio de coordinación" para el oficio con el mejor desempeño en coordinación en el proyecto.

Revisión - 3. Gestión de la construcción

La construcción sostenible requiere una gestión de la construcción bien pensada que considere de manera equitativa aspectos ecológicos, económicos y sociales. Desde la planificación logística inicial hasta la gestión de conflictos, cada paso influye en la sostenibilidad del proyecto. En particular, la logística presenta un gran potencial de optimización. En lugar de dejar la gestión de materiales a los subcontratistas, debería desarrollar un concepto logístico central. Los centros de consolidación reducen las distancias de transporte y, por lo tanto, minimizan las emisiones de CO2, como lo demuestran las simulaciones mencionadas en el texto original. También considere la modelización digital de los procesos logísticos. Un modelo 3D con un cronograma detallado y una visión general de los recursos permite una planificación y simulación precisas de los flujos de materiales y los movimientos de las máquinas. Tenga en cuenta los diferentes grupos de materiales: los materiales pesados como el hormigón y el acero generan la mayor parte de las emisiones de transporte y, por lo tanto, deben ser optimizados prioritariamente. Además, verifique si se pueden utilizar materiales alternativos con una menor huella de CO2.

La gestión de recursos en la construcción sostenible va más allá del uso eficiente de materiales e incluye también un manejo consciente del personal. Invierta en la formación continua de sus empleados en temas como métodos de construcción que ahorran recursos y prevención de residuos. Un personal motivado y bien capacitado contribuye significativamente al éxito del proyecto. Utilice indicadores para monitorear y optimizar la eficiencia de los recursos. La gestión del valor ganado (EVM) ofrece herramientas probadas para ello. Al planificar, considere también las incertidumbres y los datos potencialmente poco fiables. Métodos como la lógica difusa pueden ayudarle a manejar estas imprecisiones y tomar decisiones informadas. Preste atención a una utilización equilibrada de los recursos a lo largo de todo el período del proyecto. Picos de utilización en fases individuales pueden llevar a ineficiencias y desperdicios.

Una documentación exhaustiva es esencial en la construcción sostenible. Documente toda la información relevante desde el primer paso de planificación hasta la demolición del edificio. Esto incluye el origen de los materiales, el método de construcción, los controles de calidad realizados y el mantenimiento. Una documentación transparente genera confianza, facilita la colaboración y permite una evaluación posterior del rendimiento en sostenibilidad. Un sistema digital de gestión de defectos, idealmente vinculado con BIM, permite una captura, análisis y tratamiento eficientes de los defectos. Defina estándares de calidad claros y puntos de control en el proceso de construcción. La detección y corrección temprana de defectos ahorra tiempo y costos. Involucre también activamente a su cadena de suministro en el proceso y preste atención a acuerdos contractuales claros.

La coordinación de oficios y la gestión de plazos son otros factores clave para el éxito de su proyecto. Apóyese en el modelado de información de construcción (BIM) y en tecnologías de detección de conflictos para identificar y resolver colisiones y malentendidos de manera temprana. Un método de coordinación secuencial, donde los oficios presentan su planificación uno tras otro, puede reducir la complejidad. Defina responsabilidades claras para la coordinación de oficios y capacite a su personal en el uso de tecnologías BIM. Una planificación temporal precisa que considere el camino crítico es esencial para cumplir con los plazos. Reuniones de obra regulares y una plataforma de proyecto digital fomentan la comunicación y la transparencia. Una gestión proactiva de conflictos completa su gestión de la construcción. Establezca una cultura de conflicto positiva y un proceso estructurado de resolución de conflictos. Sea proactivo en la resolución de conflictos y no dude en involucrar a un mediador externo si es necesario.

La construcción sostenible plantea altas exigencias a la gestión de la construcción. Con un enfoque integral que considere todos los aspectos, desde la logística hasta la gestión de conflictos, puede enfrentar estos desafíos y llevar a cabo su proyecto de manera exitosa y sostenible. Invierta en tecnologías digitales, fomente la colaboración y la comunicación, y cree una cultura de transparencia y mejora continua. El esfuerzo adicional vale la pena: para usted, sus clientes y el medio ambiente.

4. Eficiencia de recursos

¿Cómo podemos manejar de manera responsable los recursos limitados de nuestro planeta y, al mismo tiempo, construir edificios de alta calidad? La industria de la construcción enfrenta el desafío de conciliar la creciente demanda de vivienda con los límites de la disponibilidad de materias primas naturales. Los conceptos de construcción moderna demuestran que una gestión de recursos bien pensada no solo protege el medio ambiente, sino que también ofrece ventajas económicas. Un manejo inteligente del agua, los materiales y la energía se convierte en un factor clave para la construcción sostenible. En este capítulo, descubrirá estrategias probadas en la práctica que optimizarán su proyecto de construcción tanto ecológica como económicamente.

4. 1 Gestión del agua

Una gestión eficiente del agua en los edificios es fundamental para la construcción sostenible. Reduce el consumo de agua potable y la cantidad de aguas residuales, lo que ahorra costos y protege el medio ambiente. Desde la recolección de agua de lluvia hasta el tratamiento de aguas grises y las instalaciones que ahorran agua, existen diversas posibilidades para minimizar la huella hídrica. Descubra a continuación cómo implementar estas estrategias de manera óptima en su proyecto de construcción.

La gestión integral del agua en el hogar no solo incluye la recolección de agua de lluvia y el tratamiento de aguas grises, sino también la minimización constante del consumo de agua a través de instalaciones y grifos que ahorran agua.

Uso de agua de lluvia

El uso de agua de lluvia ofrece diversas aplicaciones en el contexto de la construcción sostenible, tanto para hogares privados como para inmuebles comerciales [s35]. A través de la recolección y almacenamiento de agua de lluvia, se puede reducir la necesidad de agua potable tratada, contribuyendo así a un estilo de vida que ahorra recursos [s35]. El agua de lluvia es adecuada, entre otras cosas, para el lavado de inodoros, el riego de jardines y las lavadoras. Al utilizar agua de lluvia para estos fines, se disminuye el consumo de agua potable, lo que lleva a ahorros en los costos del agua [s35]. Además, el uso de agua de lluvia puede reducir la carga sobre el sistema de alcantarillado público durante eventos de fuertes lluvias, contribuyendo así a la mitigación de inundaciones [s35]. La calidad del agua de lluvia recolectada se ve influenciada por diversos factores, incluyendo la naturaleza de la superficie del techo y las condiciones ambientales [s35]. Por lo tanto, se recomienda realizar controles regulares de la calidad del agua. En caso necesario, puede ser necesaria una purificación adicional para cumplir con los requisitos del uso previsto [s35]. Para el uso como agua potable, son imprescindibles criterios de calidad más estrictos y un tratamiento adecuado. También en la agricultura, el uso de agua de lluvia contribuye a la gestión sostenible de las tierras de cultivo [s36]. El almacenamiento de agua de lluvia en cisternas o embalses permite el riego de campos durante períodos de sequía y reduce la dependencia de otras fuentes de riego [s36]. Esto aumenta la seguridad hídrica y contribuye a mejorar los rendimientos de las cosechas [s36]. La combinación de la gestión del agua de lluvia con técnicas de riego eficientes optimiza el consumo de agua y aumenta la productividad del agua [s36]. Un agricultor puede almacenar agua de lluvia de manera específica mediante la construcción de embalses o la creación de áreas de infiltración, mejorando así la disponibilidad de agua en sus campos.

Cisterna [i27]

Inmueble comercial [i28]

estanque de retención [i29]

evento de lluvia intensa [i30]

Bueno saber

Áreas de infiltración

Las áreas de infiltración permiten la infiltración natural del agua de lluvia en el suelo, contribuyendo así a la recarga de aguas subterráneas. En la construcción sostenible, se utilizan para apoyar el ciclo del agua y aliviar el sistema de alcantarillado.

Eventos de fuertes lluvias

Los sistemas de uso de agua de lluvia pueden ayudar a mitigar los efectos de los eventos de fuertes lluvias al retener agua y aliviar así el sistema de alcantarillado. Esto reduce el riesgo de inundaciones y protege la infraestructura.

Inmuebles comerciales

Los inmuebles comerciales pueden satisfacer su demanda de agua mediante sistemas de uso de agua de lluvia, al mismo tiempo que reducen costos. La integración de tales sistemas en la planificación de edificios contribuye a la sostenibilidad y mejora el perfil ecológico de la empresa.

Uso de agua de lluvia

En la construcción sostenible, el uso de agua de lluvia juega un papel importante para reducir el consumo de agua potable y disminuir la carga ambiental. A través de la recolección de agua de lluvia, esta puede ser reutilizada para diversos fines, como el lavado de inodoros o el riego de jardines, lo que contribuye a un uso más eficiente del recurso agua.

Potencial de Recolección de Agua de Lluvia

Usos típicos y ahorros estimados

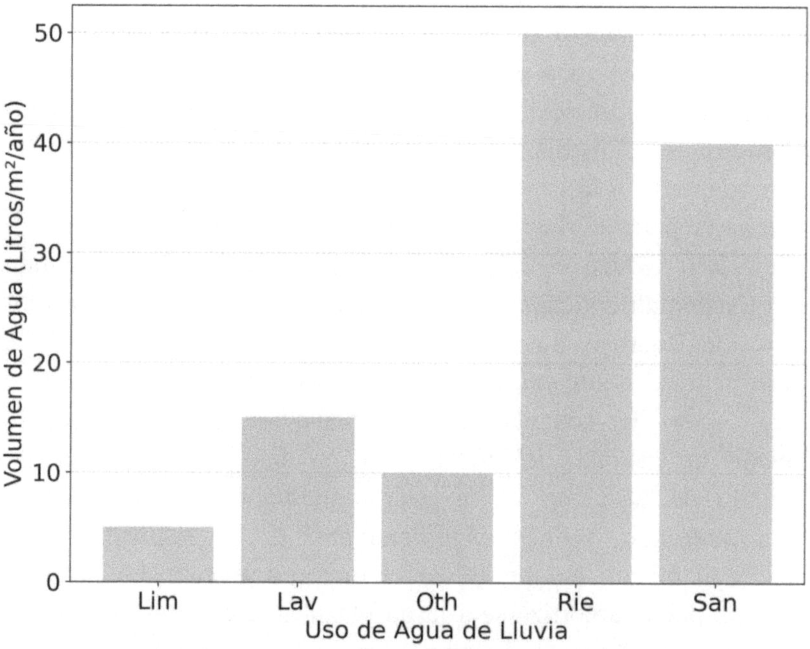

Lav: Lavandería

Lim: Limpieza

Oth: Otros

Rie: Riego

San: Sanitarios

Este gráfico destaca el importante potencial de la recolección de agua de lluvia para reducir la demanda de agua potable en edificios. La descarga de inodoros y el riego de jardines representan las mayores oportunidades de sustitución, mostrando cómo el agua de lluvia puede compensar eficazmente la dependencia del agua tratada para usos no potables. La implementación de estas estrategias contribuye a la conservación del agua y promueve prácticas de construcción sostenible.

Tratamiento de aguas grises

El agua gris, es decir, las aguas residuales de duchas, lavabos y lavadoras, presenta un considerable potencial de ahorro de agua potable. A diferencia de aguas negras, que contienen materia fecal, el agua gris está menos contaminada y puede ser reutilizada para diversos fines tras un tratamiento [s37]. El tratamiento descentralizado del agua gris directamente en el lugar de origen, como en hogares o edificios comerciales, ofrece ventajas ecológicas y económicas. Así, mediante el uso de instalaciones modulares que pueden adaptarse a la cantidad de agua gris generada, se puede obtener agua tratada para el riego de jardines o el lavado de inodoros [s37]. Esto no solo reduce el consumo de agua potable, sino que también alivia el sistema de alcantarillado, lo cual es especialmente relevante en eventos de fuertes lluvias. El tratamiento en sí incluye varios procedimientos, comparables a los pasos del tratamiento de agua potable, como la coagulación, la floculación y desinfección, para optimizar la calidad del agua para su uso específico [s37]. Un propietario de casa con jardín podría, mediante la instalación de un sistema adecuado, reducir significativamente su necesidad de agua potable y al mismo tiempo cuidar el medio ambiente. La inversión en tal sistema puede amortizarse a largo plazo gracias a los costos de agua ahorrados [s37]. Además, la reutilización del agua gris, especialmente en áreas con escasez de agua, contribuye a una gestión del agua más sostenible.

Riego del jardín [i31]

Cisterna del inodoro [i32]

Bueno saber

Aguas negras

Aguas residuales altamente contaminadas que contienen materia fecal y requieren un tratamiento intensivo antes de poder ser reutilizadas o vertidas al medio ambiente. A diferencia del agua gris, las aguas negras no son adecuadas para la reutilización directa.

Tratamiento descentralizado

Tratamiento de aguas residuales directamente en el lugar, por ejemplo, en el hogar o en edificios comerciales, en lugar de en una planta de tratamiento central. Esto permite un tratamiento de aguas residuales flexible y respetuoso con los recursos, adaptado a las necesidades individuales.

Desinfección

Eliminación de patógenos en el agua mediante procedimientos químicos o físicos, como la irradiación UV o la cloración. La desinfección es un paso importante en el tratamiento del agua para garantizar la seguridad del agua.

Potencial de Reciclaje de Aguas Grises

Fuentes potenciales de aguas grises en un hogar típico.

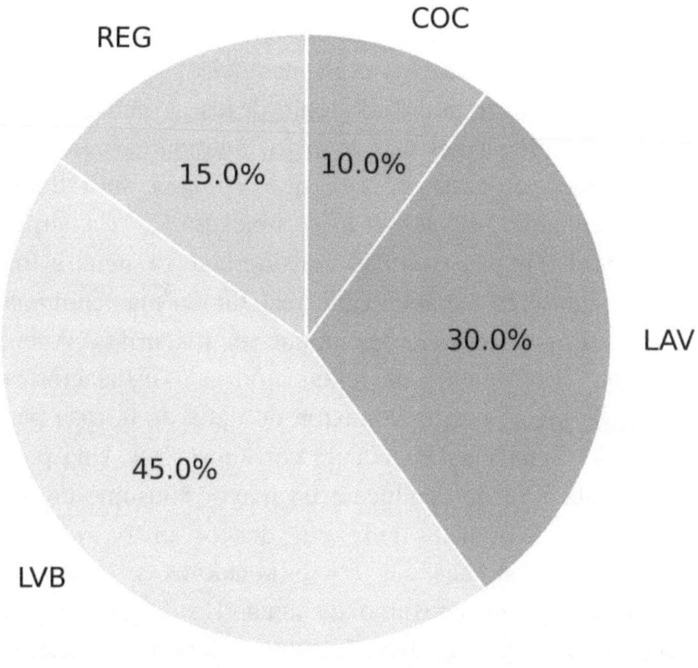

COC: Fregaderos de Cocina | LAV: Agua de Lavandería
LVB: Lavabos de Baño | REG: Agua de Ducha

Una parte significativa del uso del agua doméstica puede atribuirse a fuentes adecuadas para el reciclaje de aguas grises. La implementación de un sistema de aguas grises puede reducir drásticamente el consumo de agua potable para usos no potables como el lavado de inodoros y el riego, promoviendo la conservación del agua y reduciendo la presión sobre los recursos hídricos municipales. Centrarse en la captación y el tratamiento del agua de la ducha y la lavandería ofrece el mayor potencial de ahorro de agua.

Instalación de ahorro de agua

Las instalaciones de ahorro de agua contribuyen de manera decisiva a la reducción del consumo de agua en los edificios. Grifos y dispositivos de bajo caudal minimizan la necesidad de agua sin comprometer la comodidad. Los cabezales de ducha con un limitador de caudal integrado consumen significativamente menos agua que los modelos convencionales, y los inodoros de ahorro de agua con botón de ahorro o doble descarga permiten un uso acorde a la demanda. Además, el uso de grifos automáticos en lavabos y baños públicos reduce el consumo, ya que el agua solo fluye cuando es necesario, evitando el desperdicio innecesario. Un grifo que gotea puede desperdiciar una cantidad considerable de agua a lo largo de un año. Por lo tanto, es recomendable realizar un mantenimiento regular y, si es necesario, reemplazar las juntas en los grifos. Además de estas medidas en los puntos de extracción, la instalación de válvulas reductoras de presión en la conexión de agua de la casa permite regular la presión del agua y así reducir el consumo total. Una presión de agua demasiado alta no solo conduce a un mayor consumo de agua, sino que también puede acortar la vida útil de los grifos y las tuberías. Al seleccionar electrodomésticos como lavadoras y lavavajillas, se debe prestar atención a su consumo de agua. Los dispositivos con un bajo consumo de agua y una alta clase de eficiencia energética contribuyen tanto al ahorro de agua como a la reducción de los costos de energía. Al combinar diversas medidas de ahorro de agua, se puede reducir significativamente el consumo de agua en los edificios y contribuir a un uso sostenible del agua. Una nueva construcción ofrece la oportunidad óptima de implementar desde el principio instalaciones de ahorro de agua, estableciendo así las bases para un funcionamiento respetuoso con los recursos. En edificios existentes, muchas de estas medidas se pueden instalar con un esfuerzo razonable. Un propietario de vivienda, por ejemplo, podría reducir significativamente su consumo de agua al ducharse al reemplazar su viejo cabezal de ducha por un modelo moderno y ahorrador de agua, sin tener que renunciar a la comodidad.

Bueno saber

Doble descarga

Descarga de inodoro con dos botones para diferentes cantidades de agua: una menor para líquidos y una mayor para sólidos.

Grifos

Grifos, cabezales de ducha y otras válvulas de salida que controlan el flujo de agua. En la construcción sostenible, se prefieren modelos que ahorran agua para minimizar el consumo.

Limitador de caudal

Un componente que se instala en cabezales de ducha o grifos para reducir la cantidad de agua que fluye y así ahorrar agua.

Válvulas reductoras de presión

Válvulas que reducen la presión del agua en la conexión de agua de la casa. Una presión de agua más baja puede disminuir el consumo de agua y aumentar la vida útil de las tuberías y grifos.

Potenciales de ahorro de agua

Potenciales de ahorro en el consumo de agua.

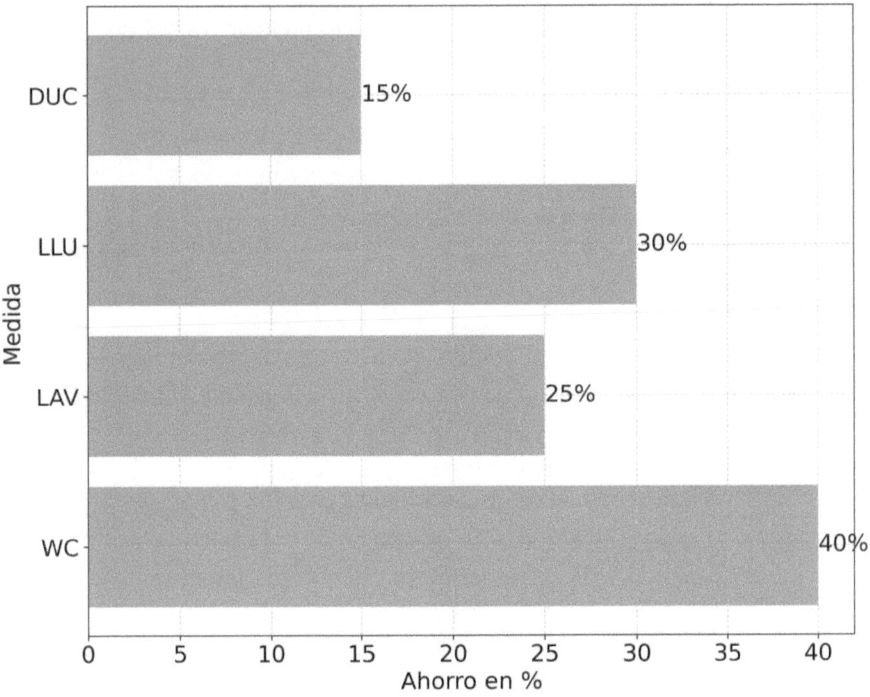

DUC: Cabezal de ducha

LLU: Agua de lluvia

LAV: Lavadora

WC: Inodoro

El diagrama de barras horizontal visualiza los ahorros potenciales de agua de varias medidas. Los cabezales de ducha de bajo flujo ofrecen el mayor potencial de ahorro, seguidos por los inodoros de bajo consumo. El uso de agua de lluvia para el riego del jardín también ofrece ahorros considerables. En general, el diagrama muestra que se pueden ahorrar cantidades significativas de agua combinando diferentes medidas.

Consejos concretos

- Determine el consumo de agua de su sistema de riego actual y establezca objetivos de ahorro realistas.
- Desarrolle un sistema de riego dinámico que determine la necesidad de agua de las plantas en función de las mediciones de humedad del suelo y las previsiones meteorológicas.
- Utilice materiales que retengan agua, como hidrogel en el suelo, para alargar los intervalos de riego y reducir el consumo de agua.
- Experimente con métodos alternativos de riego, como el riego por goteo o el riego subterráneo, para minimizar las pérdidas por evaporación.
- Recoja el agua de condensación de su aire acondicionado y utilícela para regar plantas en interiores y exteriores.
- Dirija el agua de su lavabo a un pequeño recipiente y utilícela para regar plantas de interior.
- Construya un jardín vertical con un sistema de riego integrado que reutilice el agua y reduzca la evaporación.
- Elabore un balance hídrico para su propiedad, con el fin de registrar todos los ingresos y egresos de agua y descubrir potenciales de optimización.
- Instale un medidor de agua para cada consumidor individual, para analizar detalladamente el consumo de agua e identificar oportunidades de ahorro.
- Organice un "concurso de ahorro de agua" en su vecindario o comunidad para aumentar la conciencia sobre la eficiencia de los recursos.
- Desarrolle un concepto para el uso de agua de lluvia en la refrigeración de edificios o instalaciones.

4. 2 Prevención de residuos

En la construcción sostenible, la prevención de residuos juega un papel central en la eficiencia de recursos. Las enormes cantidades de desechos en las obras afectan considerablemente al medio ambiente. Una planificación eficiente, la optimización de la determinación de necesidades de materiales y la implementación coherente de la jerarquía de residuos – prevención, reutilización, reciclaje, eliminación – minimizan esta carga. La reducción de material de embalaje a través de procesos de pedido ajustados y sistemas de reutilización también contribuye significativamente a la minimización de residuos. Descubra en este capítulo cómo implementar estas estrategias en la práctica y así hacer una importante contribución a la construcción sostenible.

La eficiencia de recursos en la construcción comienza con la evitación de residuos mediante una planificación precisa y procesos optimizados, desde la determinación de necesidades de materiales hasta la reducción de envases.

Residuos de construcción

Los residuos de construcción se generan en grandes cantidades y afectan al medio ambiente [s38]. Una gestión inadecuada de los residuos, especialmente en los países en desarrollo, agrava este problema [s38]. Para contrarrestar esto, la prevención de residuos mediante una planificación optimizada es importante ya en la fase de diseño [s38]. De este modo, una precisa determinación de necesidades de materiales puede reducir los pedidos excesivos y, por ende, los residuos. La jerarquía de residuos establece una clara priorización: prevención, reutilización, reciclaje y, por último, eliminación [s39]. Además de la prevención, la reutilización de materiales es un aspecto importante. El hormigón, un material de construcción común, puede reutilizarse hasta en un 35 % en nuevos proyectos de construcción tras un terremoto, reduciendo así la necesidad de nuevas materias primas y las emisiones de CO_2 [s40]. Esta reutilización fomenta la eficiencia de los recursos y contribuye a una gestión sostenible de residuos [s40]. El desarrollo de planes de gestión de residuos integrales, especialmente para escenarios de catástrofe, ayuda a maximizar la reutilización y el reciclaje [s40]. Los incentivos políticos para una mejor gestión de residuos, así como la promoción del reciclaje y la reutilización, son también herramientas importantes para la minimización de residuos [s38]. Un marco legal claro y el establecimiento de prácticas respetuosas con el medio ambiente apoyan estos esfuerzos [s38]. En algunas regiones, la implementación de políticas de residuos ha permitido reducir significativamente la cantidad de residuos en vertederos [s38]. Tradicionalmente, los residuos de construcción y demolición se consideraban a menudo como sin valor y se depositaban en vertederos [s39]. La economía circular ofrece nuevos enfoques para minimizar los impactos ambientales negativos [s39]. Sin embargo, para implementar esto de manera efectiva, se requieren directrices claras, innovaciones tecnológicas y la consideración de aspectos legales, técnicos, sociales, conductuales y económicos [s39].

Economía circular [i33]

Bueno saber

Determinación de necesidades de materiales
El cálculo preciso de los materiales necesarios para un proyecto de construcción. Una determinación precisa ayuda a evitar excedentes de materiales y, por ende, residuos.

Economía circular
Un modelo económico que busca mantener productos y materiales en el ciclo económico el mayor tiempo posible y minimizar residuos. En la construcción, esto significa la reutilización y el reciclaje de materiales de construcción.

Fase de diseño
La fase de un proyecto de construcción en la que se planifica el edificio, incluida la selección de materiales y el método de construcción. Aquí se establecen las bases para una efectiva prevención de residuos.

Planes de gestión de residuos
Documentos que describen en detalle las estrategias y medidas para la prevención, separación y eliminación de residuos en una obra.

Gestión de Residuos de Construcción

Volumen de residuos, costo y evitabilidad por tipo de residuo en construcción.

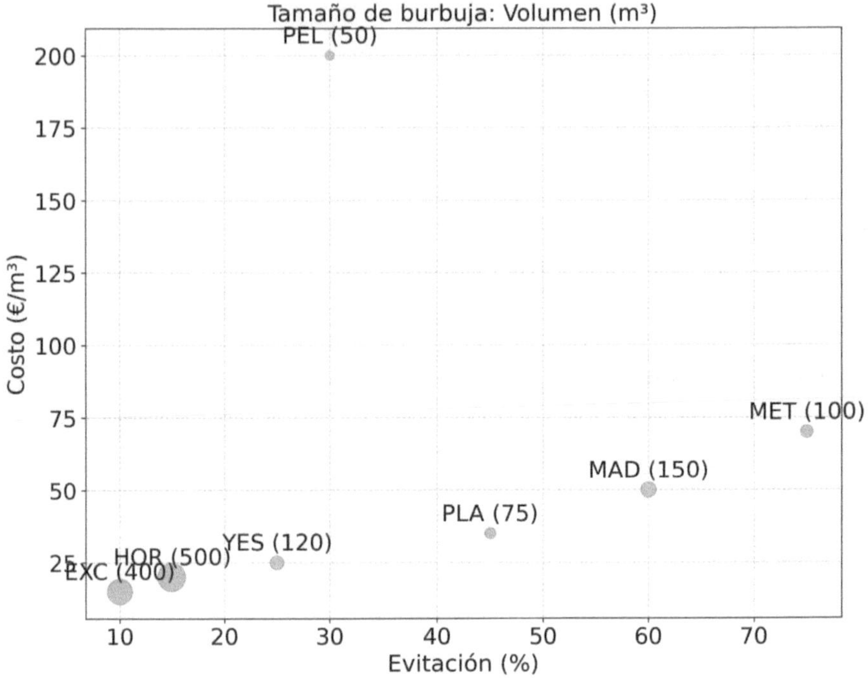

Blasengröße: Volumen (m3)

EXC: Excavación

HOR: Hormigón

MAD: Madera

MET: Metal

PEL: Peligroso

PLA: Plástico

YES: Yeso

Los residuos de hormigón y excavación representan el mayor volumen, pero tienen un potencial de evitación y costo relativamente bajos. La madera y el metal, aunque tienen un volumen menor, tienen un potencial de evitación significativamente mayor, lo que indica oportunidades para mejorar las prácticas. Los residuos peligrosos tienen el costo más alto por unidad, a pesar de su menor volumen, lo que destaca la importancia de una gestión y eliminación cuidadosas.

Reducción de envases

La reducción de envases en las obras de construcción contribuye significativamente a la minimización de residuos. Una gran parte de los residuos en la construcción proviene del material de embalaje de los materiales de construcción. A través de estrategias específicas, este volumen se puede reducir considerablemente [s41]. Una medida central es la optimización de los procesos de pedido y las cadenas de suministro. En lugar de recibir muchas entregas pequeñas con su propio embalaje, se pueden realizar entregas más grandes y agrupadas que reduzcan la cantidad de envases. Esto se puede comparar con las compras en el supermercado: los productos envasados individualmente generan más basura que los productos a granel o los envases grandes. Los modelos digitales de edificios permiten una planificación precisa de las necesidades de material y, por lo tanto, minimizan el desperdicio y los pedidos excesivos, lo que a su vez reduce la cantidad de envases generados [s41]. Además, los sistemas de envases reutilizables, como palets o contenedores, ofrecen potencial para la prevención de residuos. Otro enfoque es el uso de materiales de embalaje reciclados y reciclables. Al seleccionar envases de material reciclado y asegurarse de que puedan ser reutilizados después de su uso, se cierra el ciclo y se reduce el impacto ambiental [s42]. Complementariamente, las campañas de información y la capacitación para los trabajadores de la construcción pueden fortalecer la conciencia sobre la importancia de la reducción de envases y crear incentivos para un manejo responsable de los materiales de embalaje [s43].

Contenedor [i34]

Modelo del edificio [i35]

Palés [i36]

Bueno saber

Campañas de información

Las campañas de información aumentan la conciencia sobre la necesidad de prevenir residuos en la obra.

Modelos digitales de edificios

Los modelos digitales de edificios permiten una determinación precisa de las necesidades de material, lo que conduce a menos desperdicio y material de embalaje.

Procesos de pedido

Los procesos de pedido eficientes permiten la agrupación de entregas de material y reducen así el esfuerzo de embalaje.

Reducción de Embalajes en Construcción

Ahorro de Material por Fase de Construcción

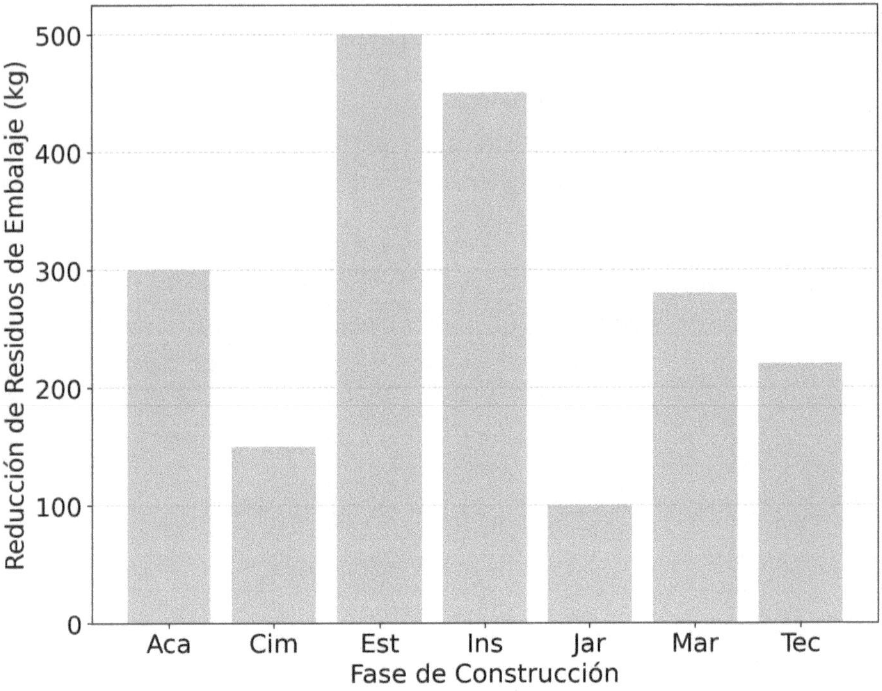

Aca: Acabado Exterior
Cim: Cimentación
Est: Estructura
Ins: Acabado Interior
Jar: Jardinería
Mar: Instalación MEP
Tec: Techado

Los datos demuestran claramente un potencial significativo para la reducción de embalajes en varias fases de la construcción. El encuadre y el acabado interior muestran oportunidades particularmente prometedoras para mejorar. Si bien algunas fases como el trabajo de cimentación inherentemente usan menos embalaje, un esfuerzo enfocado en todas las etapas puede contribuir a una reducción sustancial de residuos generales y promover prácticas de construcción sostenible.

Consejos concretos

- Planifique el uso de sistemas de encofrado reutilizables para minimizar la necesidad de nuevos materiales y evitar residuos.
- Organice un intercambio de materiales con otras obras cercanas para reutilizar materiales sobrantes y reducir desechos.
- Opte por elementos de construcción estandarizados para minimizar el desperdicio y facilitar la reutilización.
- Desarrolle un concepto de devolución para materiales de embalaje con sus proveedores, para fomentar la reutilización y el reciclaje.
- Evalúe la posibilidad de reciclar escombros en el lugar y reutilizarlos como material de relleno o para la construcción de caminos.
- Integre en su planificación la recuperación de materiales de construcción como ladrillos o madera directamente en la obra.
- Cree un punto de recogida central para materiales reciclables en la obra, para facilitar la separación y el reciclaje.
- Documente todos los flujos de residuos de su obra con precisión, para identificar potenciales de optimización y reducir la cantidad de desechos.
- Investigue procedimientos de reciclaje innovadores para materiales de construcción que hasta ahora se consideraban no reciclables.
- Colabore con empresas de reciclaje locales para optimizar la valorización de escombros y otros residuos.
- Desarrolle un sistema de bonificación para los trabajadores de la construcción que se destaquen por su trabajo con bajo desperdicio.
- Presente públicamente sus éxitos en la prevención de residuos para inspirar a otros y compartir buenas prácticas.

4. 3 Optimización energética

La optimización energética en la obra reduce costos y minimiza el impacto ambiental. Desde la selección de maquinaria de construcción eficiente y la optimización de la logística en la obra, hasta la reducción del consumo energético mediante iluminación inteligente y sistemas de calefacción, cada aspecto influye en el balance energético. También la elección de los materiales de construcción y las rutas de transporte juegan un papel decisivo. Descubra cómo, a través de medidas específicas y tecnologías innovadoras, puede conservar recursos y aumentar la sostenibilidad de su proyecto de construcción.

La eficiencia energética en la construcción no comienza solo con el edificio terminado, sino ya en la obra.

Energía de la obra

Las obras consumen energía: para máquinas, iluminación, calefacción y la producción de materiales de construcción. Este consumo se puede reducir mediante medidas específicas, lo que permite disminuir costos y minimizar el impacto ambiental. Un factor importante es la elección de las máquinas de construcción. Los equipos modernos suelen ser más eficientes que los modelos antiguos y consumen menos combustible o electricidad. Al alquilar o comprar, preste atención a la información sobre el consumo de energía y verifique si hay alternativas de bajas emisiones disponibles, como excavadoras o grúas eléctricas. La logística de la obra también influye en la demanda de energía. Rutas de transporte cortas para materiales y personal reducen el consumo de combustible. Un almacenamiento de materiales bien planificado evita transportes innecesarios y tiempos de búsqueda. La iluminación de la obra se puede optimizar mediante el uso de tecnología LED. Las luces LED consumen significativamente menos electricidad que las lámparas halógenas convencionales o lámparas de vapor metálico y tienen una vida útil más larga. Los sensores de movimiento aseguran que la iluminación esté activa solo cuando sea necesario. Además, el uso de luz natural a través de una planificación adecuada de los flujos de trabajo y la ubicación de los puestos de trabajo puede reducir el consumo de electricidad. Para calentar contenedores o espacios de trabajo temporales, son adecuados dispositivos de calefacción eficientes en energía, como calefacciones por infrarrojos. Estos calientan directamente a las personas y objetos en la habitación y no el aire, lo que conduce a un menor consumo de energía. La selección de los materiales de construcción también influye en el balance energético de una obra. La producción de algunos materiales es más intensiva en energía que la de otros. Los materiales reciclados o aquellos de recursos renovables a menudo requieren menos energía en su producción. Al considerar estos factores, se puede reducir significativamente el consumo de energía en las obras. Una planificación precisa y la selección de tecnologías y materiales adecuados no solo contribuyen al ahorro de costos, sino también a la protección del medio ambiente. Monitoree regularmente el consumo de energía en la obra para identificar potenciales de optimización y controlar la efectividad de las medidas. Al igual que en una nueva construcción con enfoque en la eficiencia energética, una planificación anticipada también es beneficiosa en la obra. A través de la elección de las máquinas y materiales correctos, así como una logística y una iluminación optimizadas, los constructores y empresas no solo pueden ahorrar costos, sino también contribuir a la protección del clima.

Bueno saber

Calefacción por infrarrojos

Las calefacciones por infrarrojos calientan de manera específica a las personas y objetos, y no al aire circundante. Esto permite una distribución de calor más eficiente y reduce el consumo de energía en comparación con los sistemas de calefacción convencionales, especialmente en instalaciones de construcción temporales.

Bajas emisiones

Las máquinas de construcción de bajas emisiones, como las excavadoras eléctricas, reducen el impacto ambiental mediante menores emisiones de contaminantes y contribuyen a mejorar la calidad del aire en y alrededor de la obra.

Lámparas de vapor metálico

Las lámparas de vapor metálico, que solían utilizarse con frecuencia en las obras, consumen más energía que las modernas alternativas LED y a menudo contienen sustancias perjudiciales para el medio ambiente, como el mercurio.

Rutas de transporte

Las rutas de transporte juegan un papel decisivo en el balance energético total de un proyecto de construcción. Ya en la planificación, se debe considerar la logística de la adquisición de materiales. Rutas de acceso cortas para los proveedores minimizan el consumo de combustible y, por ende, las coemissionen. Los materiales de construcción regionales no solo reducen los costos de transporte, sino que también fomentan la economía local. Además, los tiempos de entrega se acortan, lo que puede influir positivamente en el tiempo total de construcción. La elección del medio de transporte también afecta el consumo de energía. Los camiones con alta capacidad de carga reducen el número de viajes. Donde sea posible, el uso de ferrocarriles o vías fluviales puede representar una alternativa más ecológica, como en el transporte intermodal, que combina diferentes modos de transporte para reducir costos logísticos y emisiones [s44]. Una logística de obra bien estructurada, con zonas de entrega y ventanas de tiempo claramente definidas, evita tiempos de espera innecesarios y viajes en vacío. Herramientas digitales para la planificación y optimización de rutas ofrecen la posibilidad de minimizar aún más el consumo de energía en el transporte, comparando con algoritmos que analizan el consumo de energía en función de la ruta elegida [s45]. Una revisión y ajuste regular de las rutas de transporte durante la fase de construcción permite reaccionar a condiciones cambiantes y mejorar continuamente la eficiencia. Una empresa constructora podría, por ejemplo, ir reemplazando su flota por camiones eléctricos para reducir aún más las emisiones; en el contexto urbano, los autobuses eléctricos ya son una opción recomendada [s44].

Transporte intermodal [i37]

Camión eléctrico [i38]

Bueno saber

Camiones eléctricos

Los camiones eléctricos utilizan motores eléctricos para la propulsión y no generan emisiones directas de CO2 durante la conducción. Contribuyen a mejorar la calidad del aire y reducen la contaminación acústica en el sitio de construcción. La autonomía y la infraestructura de carga son factores importantes en la integración de camiones eléctricos en la logística de construcción.

Transporte intermodal

El transporte intermodal combina diferentes modos de transporte como camiones, trenes y barcos para transportar mercancías. Al aprovechar las fortalezas de cada modo de transporte, como la flexibilidad del camión y la eficiencia del tren en largas distancias, se pueden reducir el consumo de energía y las emisiones en comparación con el transporte por carretera puro.

Consumo de Energía en Transporte

Consumo de energía por km para varios modos de transporte.

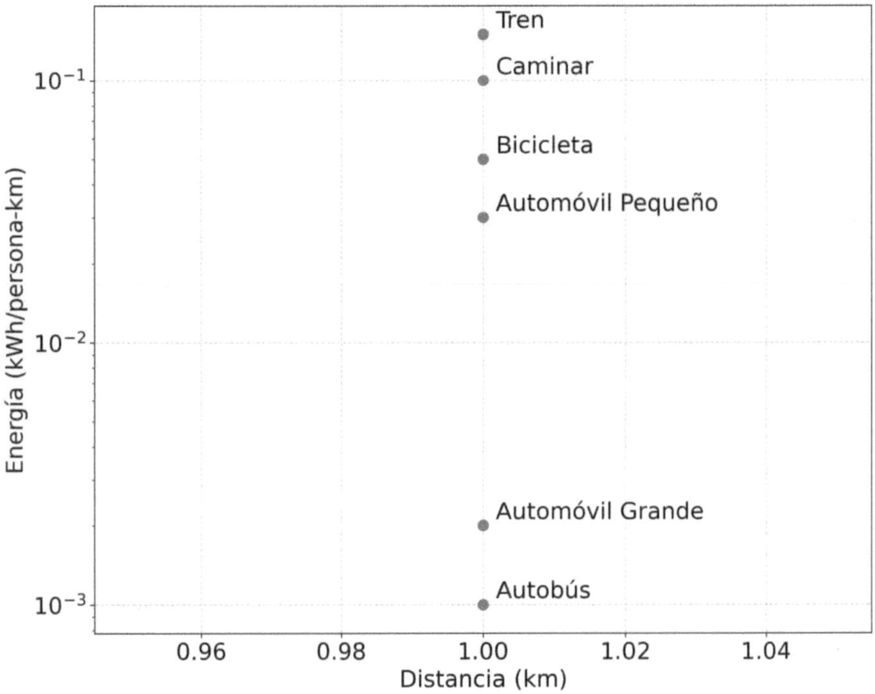

Este gráfico demuestra claramente las diferencias significativas en la eficiencia energética entre varios métodos de transporte. Caminar y andar en bicicleta son las opciones más sostenibles, seguidas por el transporte público. Los vehículos privados, especialmente los más grandes, consumen considerablemente más energía por kilómetro, destacando la importancia de promover el transporte sostenible en las prácticas de construcción ecológica.

Uso de maquinaria

El uso óptimo de maquinaria en las obras contribuye significativamente a la eficiencia energética. Además de la ya mencionada selección de dispositivos modernos y ahorradores, las tecnologías digitales ofrecen un potencial adicional. El aprendizaje automático puede predecir con precisión el consumo de energía y las coemissionen, optimizando así la planificación [s46]. La integración de la modelación de información de edificios (BIM) con aprendizaje automático puede mejorar aún más el análisis energético [s46]. Por ejemplo, los algoritmos pueden determinar el momento óptimo de uso y el tamaño adecuado de la maquinaria para tareas específicas. Esto evita tiempos de inactividad innecesarios y sobredimensionamiento. Además, la optimización multiobjetivo (MOO) en combinación con el aprendizaje automático permite aumentar significativamente tanto la eficiencia energética como el confort térmico en los edificios [s46]. La consideración de incertidumbres en los datos y modelos aumenta la fiabilidad de los resultados [s46]. Una planificación de mantenimiento predictivo, también apoyada por el aprendizaje automático, minimiza los tiempos de inactividad y aumenta la vida útil de las máquinas. Al combinar estas herramientas digitales con una logística de obra bien pensada y el uso de energías renovables – por ejemplo, mediante paneles solares para alimentar equipos de construcción – se puede reducir significativamente la huella ecológica del proyecto de construcción [s47]. Los datos obtenidos también pueden servir como base para futuros proyectos, promoviendo así un proceso de mejora continua en la construcción sostenible.

Energías Renovables [i39]

Bueno saber

Aprendizaje automático

En el contexto de la construcción sostenible, el aprendizaje automático ayuda a optimizar el consumo de energía de las máquinas de construcción al analizar patrones en grandes conjuntos de datos, permitiendo así predicciones sobre la futura demanda de energía. Esto permite una planificación más precisa y la selección de las máquinas adecuadas.

Energías renovables

Las energías renovables, como la solar o la eólica, juegan un papel importante en la construcción sostenible. Su uso reduce la dependencia de combustibles fósiles y minimiza las emisiones de CO2 de las máquinas de construcción y los edificios.

Planificación de mantenimiento predictivo

La planificación de mantenimiento predictivo utiliza análisis de datos y aprendizaje automático para monitorear el estado de las máquinas y detectar problemas potenciales de manera temprana. Esto permite un mantenimiento dirigido y minimiza los tiempos de inactividad y las pérdidas de energía debido a máquinas ineficientes.

Utilización de máquinas y consumo de energía

Eficiencia energética por tipo de máquina

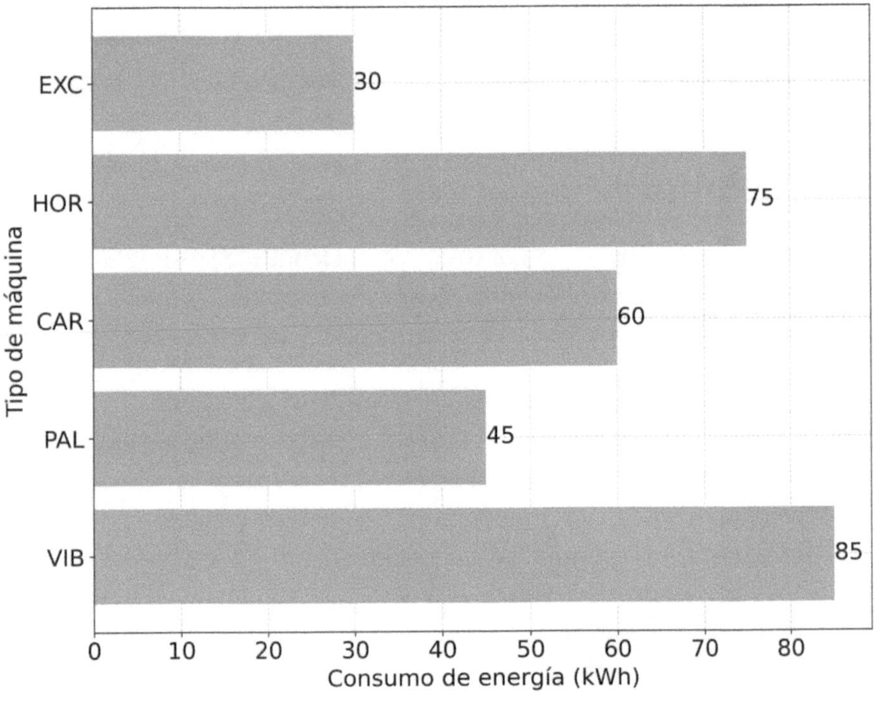

CAR: Grúa

HOR: Hormigonera

VIB: Placa vibratoria

EXC: Excavadora

PAL: Cargador de ruedas

El diagrama de barras horizontal ilustra la relación entre la utilización de la máquina y el consumo de energía. La baja utilización con alto consumo de energía indica potencial de optimización. Las máquinas con alta utilización y consumo eficiente de energía representan ejemplos de mejores prácticas.

Consejos concretos

- Utilice el calor residual de compresores o generadores para, por ejemplo, calentar agua potable.
- Establezca un panel de energía que visualice el consumo de todas las máquinas e instalaciones en tiempo real.
- Organice una competencia entre los trabajadores de la construcción para ver quién desarrolla los métodos de trabajo más eficientes en energía.
- Evalúe el uso de equipos de construcción híbridos solares que puedan funcionar tanto con electricidad de la red como con energía solar.
- Desarrolle un modelo de turnos para la operación en el sitio de construcción, con el fin de optimizar la utilización de las máquinas y minimizar los tiempos de inactividad.
- Apueste por el mantenimiento predictivo para reducir el consumo de energía de las máquinas mediante la detección temprana del desgaste.
- Aproveche los descansos de los trabajadores de la construcción para poner las máquinas e instalaciones en modo de reposo y ahorrar energía.
- Revise regularmente la presión de los neumáticos de las máquinas de construcción y vehículos para reducir el consumo de combustible.
- Determine el punto de operación óptimo de sus máquinas y capacite a los trabajadores de la construcción en su uso eficiente.
- Opte por la construcción ligera en edificaciones temporales para reducir la necesidad de materiales y energía para el transporte y la instalación.

Revisión - 4. Eficiencia de recursos

La eficiencia de recursos en la construcción es más que una tendencia: es una necesidad para un futuro sostenible. Se trata de planificar y ejecutar con cuidado y visión a largo plazo para minimizar el consumo de agua, energía y materiales. El camino hacia un proyecto de construcción que respete los recursos comienza ya en la fase de diseño. A través de una precisa determinación de las necesidades de materiales, el uso de modelos digitales de edificios y la consideración de materiales de construcción regionales, se pueden evitar desde el principio los desperdicios y los transportes innecesarios. Recuerde la jerarquía de residuos: la prevención ocupa el primer lugar, seguida de la reutilización y el reciclaje. No considere los residuos de construcción como basura, sino como un recurso valioso que puede ser reintegrado en el ciclo. Un plan de gestión de residuos bien pensado le ayudará a poner en práctica estos principios.

Además de la eficiencia de materiales, el uso cuidadoso del agua juega un papel central. Integre sistemas de recolección de agua de lluvia para el riego de jardines y el lavado de inodoros en su proyecto. También el tratamiento de aguas grises ofrece potenciales de ahorro y alivia el sistema de alcantarillado. Al instalar grifos y electrodomésticos, opte por modelos que ahorren agua. Incluso pequeñas medidas, como el cambio de una ducha o la reparación de un grifo que gotea, se suman a un resultado considerable. En regiones con escasez de agua, el uso eficiente del agua contribuye significativamente a la seguridad del suministro a largo plazo.

Otro aspecto importante es la eficiencia energética en la obra. Opte por maquinaria de construcción moderna y de bajas emisiones y optimice la logística del sitio para minimizar las distancias de transporte. Utilice energías renovables siempre que sea posible, por ejemplo, mediante instalaciones solares para el suministro eléctrico. También en la iluminación y calefacción de instalaciones temporales hay considerables potenciales de ahorro. La tecnología LED, los sensores de movimiento y los sistemas de calefacción eficientes reducen el consumo de energía y los costos asociados. Un control regular del consumo energético le ayudará a identificar potenciales de optimización y a verificar la efectividad de las medidas.

La implementación de la eficiencia de recursos en la construcción puede parecer inicialmente un desafío. Posibles obstáculos son, por ejemplo, los mayores costos de adquisición de tecnologías energéticamente eficientes o la necesidad de adaptar procesos existentes. Sin embargo, a largo plazo, se beneficiará de menores costos operativos, una menor carga ambiental y una imagen mejorada. Sea un pionero y participe activamente en la construcción del futuro. Invierta en soluciones sostenibles y cree edificios que no solo sean funcionales y estéticamente atractivos, sino que también preserven los recursos de nuestro planeta. Cada paso hacia la eficiencia de recursos es un paso en la dirección correcta.

5. Finalización de la obra

¿Cuándo está realmente terminado un edificio? La finalización de la obra marca la transición decisiva del proyecto al edificio terminado, pero este paso requiere más que simplemente limpiar el sitio de construcción. Desde el ajuste técnico hasta la documentación final, cada proyecto de construcción sostenible pasa por una revisión sistemática de todos los componentes. Solo cuando todos los parámetros son correctos y la instalación funciona de manera óptima, se sienta la base para décadas de operación eficiente en energía. Las próximas páginas muestran en qué se debe prestar atención en esta fase importante y qué errores pueden tener consecuencias amargas más adelante.

5. 1 Control de calidad

La inspección de calidad al finalizar la obra asegura la conformidad del edificio con los requisitos del plan y las normas. Detectar y corregir defectos a tiempo evita costos y retrasos posteriores. Esto se refiere tanto a la verificación geométrica como al control de los materiales y la funcionalidad de los sistemas técnicos. Una documentación sistemática de todas las inspecciones y defectos es esencial para la comunicación entre las partes involucradas y la corrección de defectos. La documentación digital optimiza el archivo y facilita el mantenimiento posterior. Métodos de inspección eficientes y tecnologías modernas aumentan la calidad de los edificios sostenibles. Siga leyendo para conocer más sobre enfoques innovadores y sus beneficios.

Una aceptación de obra exitosa en la construcción sostenible requiere la combinación de métodos de prueba tradicionales con tecnologías modernas como BIM, AR y análisis de datos de nubes de puntos, para garantizar la calidad y sostenibilidad de casas energéticamente eficientes.

Recepción de la obra

La recepción de la obra asegura la conformidad del edificio con los planes y las normas aplicables. La verificación de la calidad de ejecución juega un papel crucial para detectar y corregir defectos a tiempo. La recepción de la obra convencional, basada en papel, es a menudo propensa a errores y poco eficiente [s48]. Las tecnologías modernas ofrecen aquí un potencial de mejora significativo. La integración de la Realidad Aumentada (AR) con el Modelado de Información de Construcción (bim) permite la superposición precisa de objetos virtuales y reales. De este modo, se pueden visualizar y documentar las desviaciones entre la planificación y la ejecución directamente en el lugar [s49]. Otro enfoque para optimizar la recepción de la obra se basa en el análisis de datos de nubes de puntos. Al seleccionar algoritmos adecuados para muestreo, filtrado y registro, se puede aumentar la eficiencia del procesamiento de datos sin comprometer la precisión y la integridad de los datos de ingeniería [s50]. Un ejemplo de esto es un proyecto de construcción en el que, mediante el escaneo de la estructura en bruto con un escáner láser, se genera una nube de puntos. Esta se compara con el modelo BIM para identificar desviaciones en la geometría, como el grosor de las paredes o la altura de los techos. El análisis preciso de la exactitud del registro y la comparación de los resultados son esenciales para evaluar la calidad de la construcción e identificar desviaciones en el proceso de construcción [s50]. Nuevas tecnologías inteligentes y sistemas de interfaz apoyan la documentación y permiten una evaluación de calidad en tiempo real, lo que puede reducir las inspecciones manuales [s48]. La recepción de la obra incluye, además de la verificación geométrica, el control de los materiales utilizados, los detalles de ejecución y la funcionalidad de las instalaciones técnicas. Aquí se deben tener en cuenta las normas y regulaciones relevantes. Una documentación sistemática de todas las pruebas y defectos identificados es indispensable. Esto facilita la comunicación entre las partes involucradas y sirve como base para la corrección de defectos.

La detección y corrección temprana de defectos evita costos y retrasos posteriores. La documentación digital también permite un archivo eficiente de los datos relevantes y facilita el mantenimiento posterior del edificio. Al utilizar tecnologías modernas y un enfoque sistemático, se puede optimizar la recepción de la obra y asegurar la calidad del edificio. La elección del método adecuado depende de los requisitos individuales del proyecto y de los recursos disponibles. Una planificación y ejecución cuidadosas de la recepción de la obra contribuyen significativamente a la realización exitosa de un proyecto de construcción.

Criterios de Aceptación de Edificios Sostenibles

Distribución de áreas de enfoque de criterios para la aceptación de edificios sostenibles.

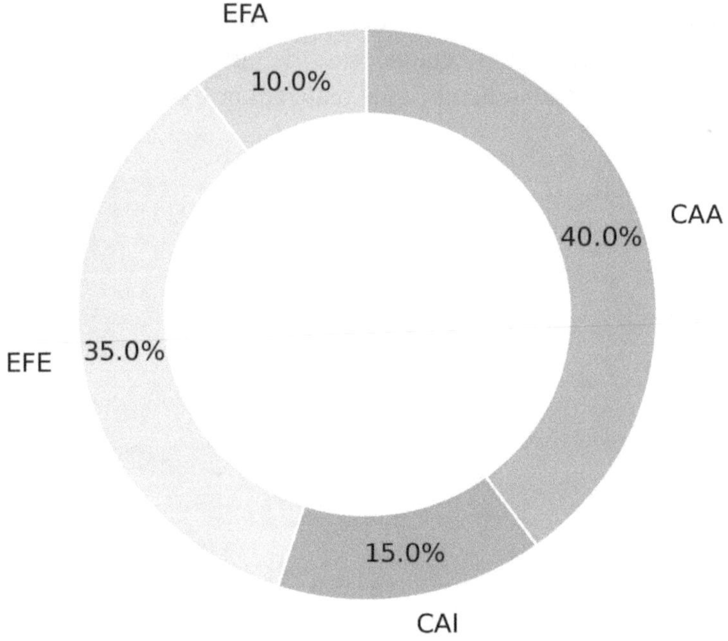

CAA: Calidad Ambiental del Agua
CAI: Calidad Ambiental Interior
EFA: Eficiencia del Agua
EFE: Eficiencia Energética

La visualización destaca un fuerte énfasis en la eficiencia energética, lo que sugiere que este es un enfoque principal en la evaluación de edificios sostenibles. Los materiales y recursos también constituyen una parte significativa, lo que indica preocupación por el abastecimiento responsable y la reducción de residuos. Si bien la calidad ambiental interior y la eficiencia del agua están representadas, sus participaciones más pequeñas sugieren un potencial para aumentar el enfoque en estas áreas para garantizar una sostenibilidad holística.

Certificación de sostenibilidad

Las certificaciones de sostenibilidad evalúan los edificios según criterios ecológicos, económicos y sociales. Sirven a los constructores como prueba de la sostenibilidad de su proyecto y ofrecen una guía para la construcción consciente del medio ambiente. Diferentes sistemas de certificación, como DGNB, LEED o BREEAM, se diferencian en sus requisitos y enfoques. Tienen en cuenta, entre otros, la eficiencia energética, la elección de materiales, la gestión del agua y la salud de los usuarios del edificio. Un edificio con certificado DGNB en platino, por ejemplo, presenta una demanda de energía primaria especialmente baja y una alta capacidad de reciclaje de los materiales utilizados. La certificación se lleva a cabo generalmente por expertos independientes, que verifican el cumplimiento de los criterios y clasifican el edificio en consecuencia, desde bronce hasta plata, oro y platino. Además de la certificación pura, muchos sistemas también ofrecen apoyo en la planificación y asesoramiento para alcanzar los objetivos de sostenibilidad de la mejor manera posible. Además, los certificados de sostenibilidad pueden mejorar las oportunidades de mercado de una propiedad y contribuir a una mayor satisfacción de los inquilinos [s51]. Los estudios muestran que la calidad del aire y la gestión de la temperatura en edificios certificados son mediblemente mejores, lo que conduce a menos problemas de salud para los residentes [s51]. Aunque los estudios pueden tener limitaciones, como un tamaño de muestra pequeño, los resultados sugieren una relación positiva entre la certificación y el confort del usuario [s51]. La elección de un sistema de certificación adecuado depende de las condiciones individuales del proyecto y de los objetivos de sostenibilidad perseguidos.

Bueno saber

Capacidad de reciclaje

La capacidad de reciclaje de los materiales de construcción describe en qué medida pueden ser reutilizados después de la demolición de un edificio. Una alta capacidad de reciclaje contribuye a la conservación de recursos y a la reducción de residuos de construcción. En la evaluación de calidad, se documenta y evalúa la capacidad de reciclaje de los materiales utilizados.

Demanda de energía primaria

La demanda de energía primaria indica la cantidad total de energía necesaria para proporcionar energía en un edificio. No solo considera el consumo de energía en el propio edificio, sino también la energía utilizada para la extracción, transformación y transporte de los portadores de energía. Una baja demanda de energía primaria es un indicador importante de la eficiencia energética de un edificio.

Expertos independientes

En el contexto de la certificación de sostenibilidad, los expertos independientes son profesionales que verifican el cumplimiento de los criterios del sistema de certificación correspondiente. Evalúan la planificación y ejecución del edificio y documentan sus resultados en un informe. Este informe sirve como base para la concesión del certificado.

Evaluación de sostenibilidad

Evaluación de criterios

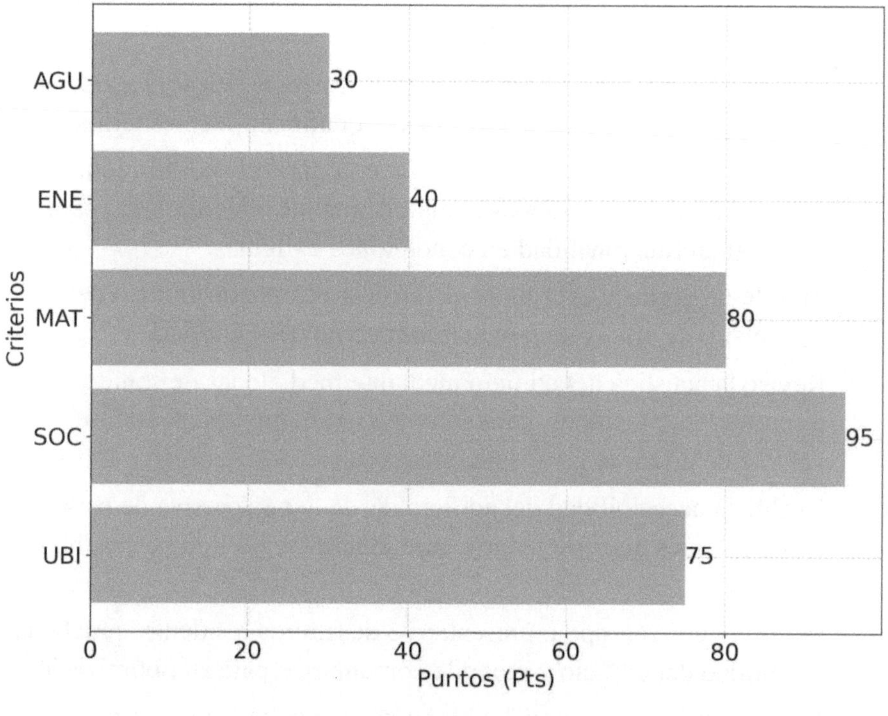

AGU: Gestión del agua

ENE: Eficiencia energética

MAT: Selección de materiales

SOC: Compatibilidad social

UBI: Factores de ubicación

La eficiencia energética muestra la puntuación más alta, seguida por la selección de materiales y la gestión del agua. La compatibilidad social y los factores de ubicación muestran potencial de mejora y deben priorizarse para garantizar una sostenibilidad integral.

Consejos concretos

- Involucre a un perito independiente de un campo relacionado en la revisión final de calidad al finalizar la obra, para obtener nuevas perspectivas.
- Cree un recorrido virtual en 360° del edificio terminado, que documente todos los detalles relevantes para la revisión de calidad y que sea accesible en cualquier momento.
- Utilice un dron con cámara termográfica para verificar la aislación del edificio en busca de debilidades e identificar puentes térmicos.
- Realice una prueba de carga de la tecnología de la edificación, operando todos los sistemas simultáneamente a plena carga, para asegurar su funcionalidad en condiciones extremas.
- Simule un corte de energía para verificar el funcionamiento del suministro de emergencia y la iluminación de seguridad.
- Revise la acústica del edificio mediante mediciones de sonido en diferentes habitaciones, para garantizar el cumplimiento de los valores de aislamiento acústico requeridos.
- Evalúe la accesibilidad del edificio desde la perspectiva de personas con diferentes discapacidades, para identificar y eliminar posibles barreras.
- Permita que un grupo representativo de futuros residentes pruebe la usabilidad del edificio y recopile comentarios para su optimización.
- Realice una inspección del edificio por la noche para controlar la iluminación de caminos y salidas de emergencia, y garantizar la seguridad.

5. 2 Ajuste

La regulación del sistema de calefacción es crucial para una casa energéticamente eficiente y cómoda. Una correcta regulación hidráulica distribuye el calor de manera uniforme en todas las habitaciones y evita el desperdicio de energía por sobreabastecimiento o subabastecimiento. Por el contrario, ajustes incorrectos conducen a pérdidas de confort y a costos de calefacción innecesariamente altos. Temperaturas desiguales en las habitaciones, ruidos en el sistema de calefacción o un alto consumo de energía indican problemas en la regulación. La complejidad de los métodos tradicionales conlleva el riesgo de resultados subóptimos. Aprenda en este capítulo cómo una regulación adecuada aumenta la eficiencia energética de su casa y crea un clima interior óptimo.

> *Una correcta regulación hidráulica de la calefacción es esencial para un funcionamiento eficiente y cómodo, y evita el consumo innecesario de energía debido a la sobre- o subalimentación de habitaciones individuales.*

Optimización de la calefacción

La optimización de la calefacción abarca medidas para aumentar la eficiencia y, por ende, reducir el consumo de energía. Un sistema de calefacción correctamente planificado y ejecutado evita pérdidas de calor innecesarias y asegura una distribución uniforme del calor en el edificio. [s52] La base para esto es la regulación hidráulica, que ajusta con precisión el caudal en cada circuito de calefacción del sistema. De este modo, se asegura que cada habitación reciba la cantidad de calor necesaria, sin que áreas individuales estén sobre o subabastecidas. Una distribución uniforme del calor aumenta el confort y minimiza al mismo tiempo la demanda de energía. Un error común en la planificación y ejecución de sistemas de calefacción es una regulación insuficiente o incorrecta. Esto conduce a desequilibrios hidráulicos, que se manifiestan en forma de habitaciones con temperaturas desiguales, ruidos en el sistema o un aumento en el consumo de energía. Imagínese un edificio con varios radiadores: sin una regulación correcta, las habitaciones más cercanas a la caldera tienden a recibir más calor, mientras que las habitaciones más alejadas quedan subabastecidas. Los residentes entonces abren más los termostatos en las habitaciones más frías, lo que aumenta el caudal total y, por ende, el consumo de energía, sin resolver el problema de la distribución desigual del calor. Los métodos tradicionales de regulación hidráulica son a menudo iterativos y requieren mucho tiempo. Esto significa que los instaladores deben realizar mediciones repetidas y ajustes hasta que el sistema esté óptimamente configurado. [s52] Este proceso puede ser complejo y propenso a errores, lo que a menudo conduce a resultados subóptimos en la práctica. Procedimientos innovadores como el método de flujo progresivo ofrecen aquí una alternativa más eficiente. Este método reduce significativamente la cantidad de mediciones y ajustes necesarios, ahorrando tiempo y costos, al mismo tiempo que mejora la precisión de la regulación. [s52] A través de la sintonización precisa del caudal en cada circuito de calefacción, se puede reducir significativamente el consumo de energía del sistema en su conjunto. Además de la regulación hidráulica, otras medidas de optimización contribuyen al aumento de la eficiencia. Estas incluyen el aislamiento de tuberías, la instalación de termostatos en cada radiador y el mantenimiento regular del sistema de calefacción. El aislamiento de tuberías minimiza las pérdidas de calor en el trayecto desde la caldera hasta los radiadores. Los termostatos permiten un control individual de la temperatura en las habitaciones, evitando así el sobrecalentamiento de espacios individuales. Un mantenimiento regular, que incluye la revisión y limpieza de la caldera, asegura un funcionamiento óptimo y una larga vida útil del sistema. A través de la combinación de estas medidas, se puede reducir de manera sostenible el consumo de energía y, por ende, los costos de calefacción. Así, no solo se contribuye a la protección del medio ambiente, sino que también se mejora el confort en el hogar.

válvula termostática [i40]

Bueno saber

Caudal

El caudal describe la cantidad de agua que fluye por unidad de tiempo a través de las tuberías de un sistema de calefacción. Un caudal correctamente ajustado es crucial para una distribución eficiente del calor.

Circuito de calefacción

Un circuito de calefacción es un circuito cerrado de agua que sale de la caldera, fluye a través de los radiadores en la casa y regresa a la caldera. Cada radiador puede ser parte de un circuito de calefacción separado o varios radiadores pueden pertenecer a un mismo circuito.

Método de flujo progresivo

El método de flujo progresivo es una técnica moderna para la regulación hidráulica que reduce la cantidad de mediciones y ajustes requeridos, ahorrando así tiempo y costos.

Regulación hidráulica

La regulación hidráulica asegura que la cantidad correcta de agua caliente llegue a cada radiador en la casa, garantizando una temperatura uniforme en todas las habitaciones y evitando el desperdicio de energía.

Termostato

Un termostato regula el flujo de agua a través de un radiador, permitiendo así el control individual de la temperatura en la habitación.

Curva de Optimización de Calefacción

Temperatura óptima del flujo de calefacción basada en la temperatura exterior.

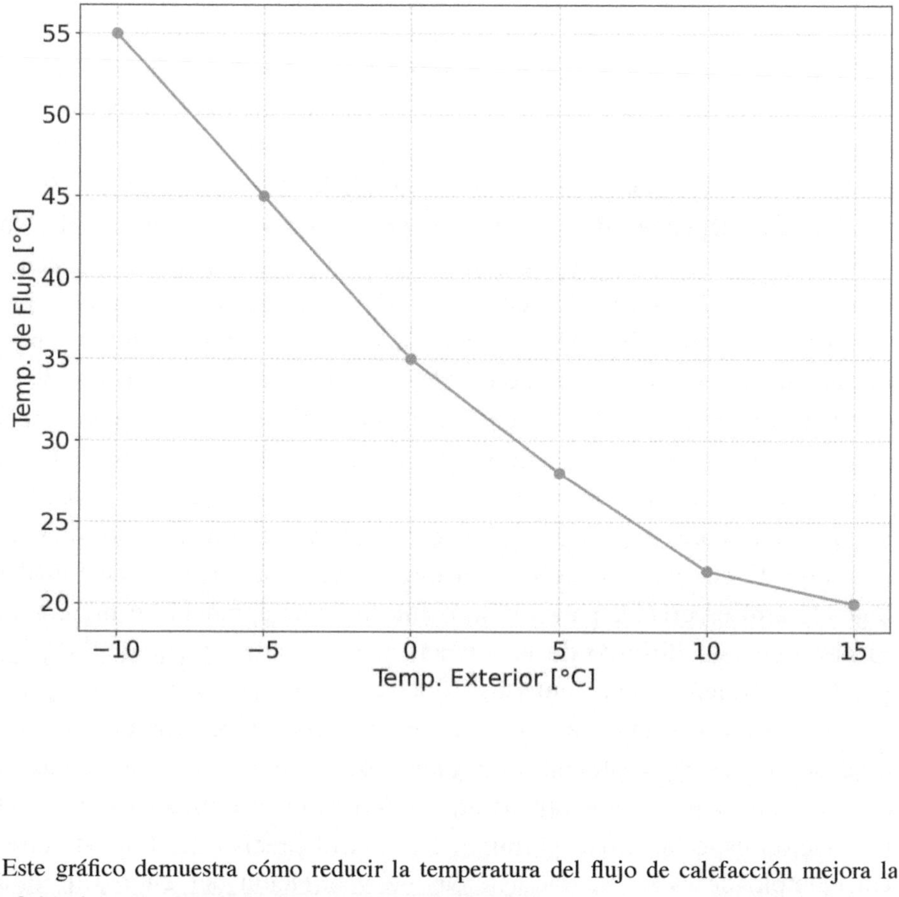

Este gráfico demuestra cómo reducir la temperatura del flujo de calefacción mejora la eficiencia, especialmente en temperaturas exteriores más suaves. La pendiente más pronunciada indica un sistema más reactivo, ajustando la temperatura del flujo con precisión a la demanda de calor. Este control adaptativo minimiza el desperdicio de energía y maximiza el confort.

Ajuste de la ventilación

Después de la optimización de la calefacción, el ajuste fino de la instalación de ventilación es otro paso importante para minimizar el consumo de energía y crear un ambiente interior agradable. No se trata solo de la simple entrada de aire fresco, sino también del control de los flujos de aire y la prevención de pérdidas de calor innecesarias. Una instalación de ventilación bien ajustada asegura un intercambio continuo de aire, elimina la humedad y los contaminantes, contribuyendo así a un ambiente interior saludable. [s53] Al mismo tiempo, minimiza la demanda de energía para calefacción y refrigeración al reducir las pérdidas de calor por ventilación incontrolada. El ajuste óptimo de la ventilación depende de varios factores, como el tamaño de la habitación, el número de ocupantes y el tipo de uso. En espacios habitables, se recomienda un nivel de ventilación moderado que asegure un intercambio de aire adecuado sin perder demasiado calor. En habitaciones con un aumento de la humedad, como en baños o cocinas, la intensidad de la ventilación debe ajustarse a un nivel más alto para prevenir la formación de moho. [s53] Un control de la instalación de ventilación basado en la demanda, por ejemplo, mediante la integración de sensores de humedad, puede optimizar aún más el consumo de energía. Además de la tasa de ventilación, la dirección del flujo de aire es crucial para un ambiente interior agradable e higiénico. El aire debe ser dirigido de tal manera que se eviten corrientes de aire y no se formen "zonas muertas" donde el aire no circule. [s53] En ciertos entornos, como en salas de operaciones, el control preciso del flujo de aire es especialmente importante para minimizar la propagación de partículas y patógenos potenciales. [s54] Aquí se utilizan sistemas de ventilación especiales que permiten un control preciso del flujo de aire. Un ejemplo de esto son los sistemas de ventilación por chorro de alta frecuencia, que garantizan una ventilación especialmente estable y segura y reducen el riesgo de efectos no deseados como hipercapnia. [s55] En resumen, se puede afirmar que el ajuste correcto de la ventilación tiene un impacto significativo en la eficiencia energética, el clima interior y la salud. Al considerar las condiciones individuales y aplicar tecnologías adecuadas, se puede lograr un resultado óptimo.

Bueno saber

Corrientes de aire

Las corrientes de aire se producen por flujos de aire desiguales y pueden causar incomodidad y problemas de salud. Al regular la instalación de ventilación, es importante dirigir los flujos de aire de manera que se eviten las corrientes de aire.

Instalación de ventilación

Una instalación de ventilación asegura un intercambio controlado de aire en los edificios y contribuye a un ambiente interior saludable y cómodo. En el contexto de la construcción sostenible, las instalaciones de ventilación son importantes para aumentar la eficiencia energética y minimizar la necesidad de energía de calefacción y refrigeración.

Sensores de humedad

Los sensores de humedad miden la humedad relativa en una habitación y controlan la instalación de ventilación según la demanda. De este modo, la ventilación solo se activa cuando la humedad supera un cierto umbral, lo que ahorra energía y previene la formación de moho.

Sistemas de ventilación por chorro de alta frecuencia

Los sistemas de ventilación por chorro de alta frecuencia son sistemas de ventilación especiales que se utilizan en entornos con altos requisitos de calidad del aire, como en salas de operaciones. Permiten un control preciso del flujo de aire y minimizan el riesgo de propagación de patógenos.

Tasas de Ventilación por Habitación

Flujo de Aire Optimizado para Construcción Sostenible

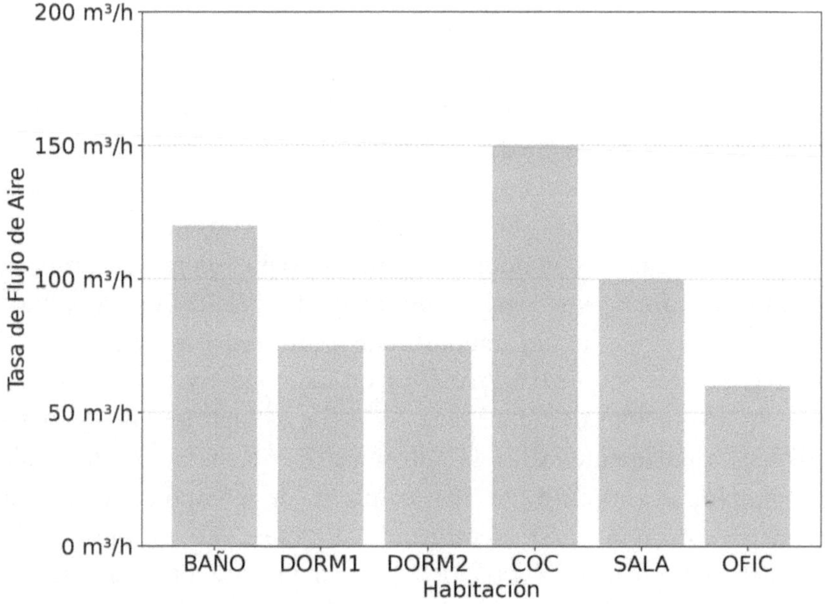

BAÑO: Baño

COC: Cocina

DORM1: Dormitorio 1

DORM2: Dormitorio 2

OFIC: Oficina

SALA: Sala de Estar

Los datos revelan variaciones significativas en las tasas de ventilación entre diferentes habitaciones. La cocina y el baño muestran el mayor flujo de aire, probablemente debido a la necesidad de eliminar eficientemente la humedad y los olores. Los dormitorios mantienen una ventilación moderada para una ocupación cómoda, mientras que la sala muestra un flujo de aire ligeramente elevado para acomodar reuniones. Estas tasas de ventilación optimizadas contribuyen a un ambiente interior saludable mientras minimizan el desperdicio de energía.

Registro de consumo

La recopilación de consumo proporciona la base para una optimización energética específica de los edificios. Permite identificar potenciales de ahorro y verificar la efectividad de las medidas implementadas. La recopilación abarca no solo el consumo de energía para calefacción y ventilación, sino también el consumo de electricidad para iluminación y electrodomésticos, así como el consumo de agua. La obtención de datos se realiza a través de diversos dispositivos de medición, como contadores de electricidad, gas y agua, o sensores especiales para medir la temperatura, la humedad y la concentración de CO2. Una recopilación de consumo detallada, por ejemplo, mediante contadores separados para áreas o grupos de dispositivos, ofrece una visión diferenciada del comportamiento de consumo y permite tomar medidas de optimización específicas. Los datos recopilados se pueden visualizar en diagramas y tablas claras para seguir la evolución del consumo a lo largo del tiempo y detectar anomalías rápidamente. Con la información obtenida, puede analizar, por ejemplo, el impacto de los cambios de comportamiento en el consumo de energía y así identificar más potenciales de optimización. Los datos de consumo recopilados forman la base para un monitoreo energético integral. Esto incluye la supervisión continua y la evaluación del consumo de energía para detectar desviaciones del estado deseado a tiempo y tomar medidas correctivas. Un ejemplo: a través del análisis del consumo de electricidad de un sistema de ventilación, se puede identificar una mayor demanda de energía, causada por filtros sucios, y solucionarlo mediante un cambio de filtro oportuno. El monitoreo energético también permite evaluar la rentabilidad de las inversiones en tecnologías energéticamente eficientes. Al comparar el consumo antes y después de la implementación de una nueva tecnología, se puede determinar el ahorro real de energía y calcular el tiempo de amortización de la inversión. Para la implementación práctica de la recopilación de consumo, hay disponibles diversos sistemas, desde registros manuales simples hasta sistemas complejos y automatizados con tecnología de Smart-Metering. La recopilación manual, por ejemplo, mediante la lectura regular de los contadores, es económica, pero también consume tiempo y es propensa a errores. Los sistemas automatizados recopilan los datos de consumo en tiempo real y los transmiten digitalmente a una unidad de evaluación central. Esto reduce significativamente el esfuerzo de recopilación de datos y permite un análisis más detallado del comportamiento de consumo. La elección del sistema adecuado depende de los requisitos individuales y del presupuesto. Al planificar, debe considerar, entre otros, el tamaño del edificio, el número de puntos de medición a recopilar y el nivel de detalle deseado de los datos. Además, al integrar la recopilación de consumo en un sistema de gestión de edificios, se pueden realizar funciones adicionales, como el control automático de calefacción y ventilación. De este modo, no solo puede reducir el consumo de energía, sino también aumentar el confort y la seguridad en el edificio. Un sistema de monitoreo energético bien planificado y ejecutado contribuye significativamente a la gestión sostenible y económica de los edificios.

Dispositivo de medición [i41]

Bueno saber

Sistema de gestión de edificios

Un sistema de gestión de edificios (también llamado GMS) puede utilizar los datos de consumo para automatizar el control de la tecnología del edificio y optimizar el consumo de energía.

Smart Metering

Smart Metering permite la recopilación automatizada y digital de datos de consumo, lo que posibilita un análisis detallado y la optimización del consumo de energía en el edificio.

Desglose de Consumo - Regulación de Edificios

Distribución del consumo después de la optimización.

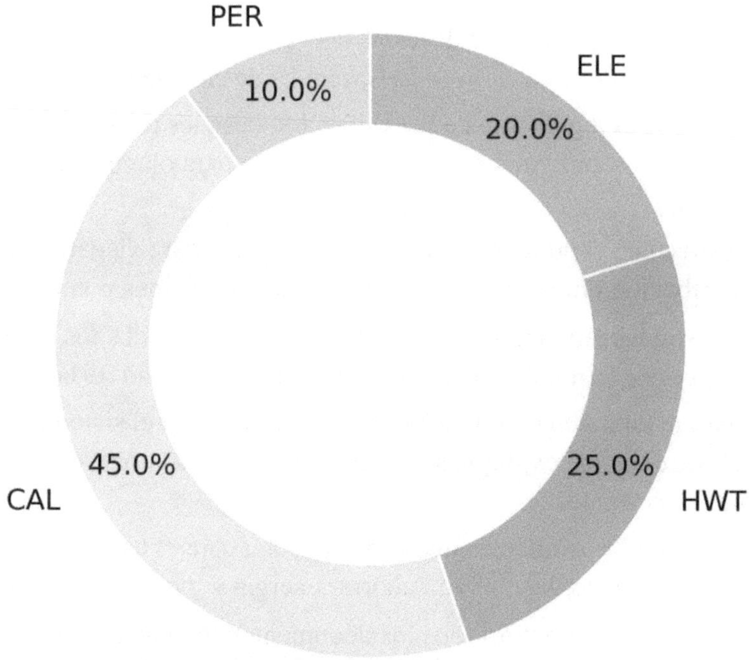

CAL: Calefacción

HWT: Agua Caliente

ELE: Electricidad

PER: Pérdidas

La mayor parte del consumo se atribuye a la calefacción, destacando la importancia de los sistemas de calefacción eficientes. Si bien el agua caliente y la electricidad contribuyen significativamente, la optimización de estas áreas puede conducir a reducciones adicionales en el consumo general. Comparativamente, las pérdidas representan un área más pequeña pero aún abordable para mejorar.

Consejos concretos

- Documente la regulación de la calefacción con fotos y videos de las posiciones de las válvulas para facilitar ajustes posteriores.
- Elabore un esquema claro del sistema de calefacción, indicando todos los circuitos de calefacción y sus respectivos valores de regulación.
- Utilice marcadores de colores en las válvulas y tuberías para simplificar la asignación de los circuitos de calefacción.
- Verifique la regulación de la calefacción después del primer invierno y ajuste las configuraciones si es necesario para obtener resultados óptimos.
- Realice una captura térmica de los radiadores para visualizar la distribución uniforme del calor y detectar problemas potenciales.
- Registre las temperaturas de las habitaciones en todos los espacios después de la regulación para verificar la efectividad de las medidas.
- Elabore un manual de usuario personalizado para el sistema de calefacción que explique su funcionamiento y las configuraciones más importantes.
- Ofrezca a los residentes una capacitación sobre el uso óptimo del sistema de calefacción para ahorrar energía y maximizar el confort.
- Entregue al promotor todos los documentos relevantes sobre la regulación de la calefacción, incluidos los protocolos de medición y esquemas.
- Recomiende al promotor una revisión y mantenimiento regular del sistema de calefacción por un profesional para asegurar su funcionamiento óptimo a largo plazo.

Revisión - 5. Finalización de la obra

La finalización de la obra es más que solo la prueba final antes de la entrega de llaves. Es la fase decisiva en la que se establecen las bases para el éxito a largo plazo de su proyecto de construcción sostenible. Un enfoque cuidadoso y sistemático es esencial aquí para alcanzar los objetivos de sostenibilidad deseados y asegurar la calidad del edificio a largo plazo. Es importante combinar los métodos tradicionales de recepción de obras con tecnologías modernas para aprovechar sinergias.

Piense en la integración de herramientas digitales como el Modelado de Información de Construcción (BIM) y la Realidad Aumentada (AR). A través de la comparación entre el estado deseado y el estado real, se pueden detectar y documentar desviaciones de manera temprana. Los datos de nubes de puntos, obtenidos mediante escaneos 3D, ofrecen otra posibilidad para un análisis preciso de la ejecución de la obra. Por ejemplo, puede verificar la geometría de la estructura y identificar desviaciones en el grosor de las paredes o en las alturas de los techos. La documentación digital no solo facilita la comunicación entre las partes involucradas, sino que también sirve como una base valiosa para el mantenimiento posterior del edificio.

Además de la verificación geométrica, también debe tener en cuenta la funcionalidad de las instalaciones técnicas. La optimización de la calefacción mediante la regulación hidráulica y el ajuste fino del sistema de ventilación son aspectos centrales para un edificio energéticamente eficiente y cómodo. Preste atención a una distribución uniforme del calor y evite pérdidas de calor innecesarias. Métodos modernos como el método de flujo progresivo ofrecen soluciones eficientes para la regulación hidráulica. Un control adecuado del sistema de ventilación, por ejemplo, mediante sensores de humedad, optimiza aún más el consumo de energía. La recopilación y análisis del consumo real a través de la medición inteligente y un monitoreo energético integral son esenciales para verificar la efectividad de las medidas implementadas e identificar potenciales de optimización adicionales.

Al planificar y llevar a cabo la finalización de la obra, considere los requisitos individuales del proyecto y los recursos disponibles. La selección de los métodos y tecnologías adecuados depende de la complejidad del proyecto de construcción y del estándar de sostenibilidad deseado. No dude en buscar asesoramiento de expertos para encontrar la solución óptima para su proyecto. La integración de los diferentes aspectos de la finalización de la obra en un sistema central de gestión de edificios permite un control y monitoreo eficientes de todos los parámetros relevantes.

La finalización de la obra es un proceso complejo que requiere una planificación y ejecución cuidadosas. Pero el esfuerzo vale la pena: un proyecto de construcción exitosamente completado es la base para un edificio sostenible, cómodo y económico. Por lo tanto, invierta el tiempo y la atención necesarios en esta fase importante y establezca así las bases para una construcción futura que cumpla con los requisitos de sostenibilidad ecológica, económica y social.

Ofertas adicionales gratuitas planificadas

Nos complace poder ofrecerle en el futuro materiales complementarios gratuitos para este libro:

- Un capítulo bonus exclusivo con contenido adicional
- Un resumen compacto de todo el libro en formato PDF
- Una versión de radioteatro (En Planificación)

Se prevé que estos materiales se publiquen en 2025.
Le invitamos a visitar nuestro sitio web hoy mismo. Cuando se lance nuestro servicio de boletín (previsto para 2025), podrá registrarse para recibir actualizaciones y no perderse ninguna novedad sobre las ofertas adicionales gratuitas.

www.SaageBooks.com/es/construccion_sostenible-bonus-53CUEX

Estimados lectores,

Nos sentimos profundamente honrados de que hayan dedicado tiempo a leer nuestro libro de principio a fin. Nuestro mayor deseo es proporcionarles ideas valiosas y orientación práctica. Su confianza en nuestro trabajo significa mucho para nosotros. Esperamos que la lectura haya sido enriquecedora para ustedes. Si tienen alguna pregunta o sugerencia, no duden en contactarnos a través de nuestro sitio web.

Si han disfrutado de este libro, agradeceríamos enormemente una reseña honesta. Pueden dejar fácilmente su valoración honesta en la plataforma de venta donde compraron el libro.
¡Gracias por su apoyo!

Bendis Saage

Saage Media GmbH - Equipo

Fuentes

Nuestro sincero agradecimiento a todos los autores de las fuentes científicas y no científicas citadas, a los operadores de los sitios web referenciados y a los creadores de las imágenes, gráficos y estudios utilizados, cuyo valioso trabajo ha contribuido a la creación de este libro.

Para más información, le recomendamos visitar los sitios web de las fuentes.

Si descubre errores de asignación u otras inconsistencias, por favor contáctenos.

Todas las fuentes fueron consultadas por última vez el: 2025-02-09

[s1] - https://www.mdpi.com/2071-1050/11/6/1819

Autor:	Karsten Rusche, Mario Reimer, Rico Stichmann	**Título:**	Mapping and Assessing Green Infrastructure Connectivity in European City Regions
DOI:	10.3390/su11061819	**Fecha:**	2019-03-26
Sitio web:	MDPI	**Editorial:**	Multidisciplinary Digital Publishing Institute

[s2] - https://www.mdpi.com/2071-1050/13/4/1932

Autor:	Reza Kiani Mavi, Denise Gengatharen, Neda Kiani Mavi, Richard Hughes, Alistair Campbell, Ross Yates	**Título:**	Sustainability in Construction Projects: A Systematic Literature Review
DOI:	10.3390/su13041932	**Fecha:**	2021-02-11
Sitio web:	MDPI	**Editorial:**	Multidisciplinary Digital Publishing Institute

[s3] - https://www.mdpi.com/2071-1050/14/11/6701

Autor:	Sonja Kolarić, Mladen Vukomanović, Antonio Ramljak	**Título:**	Analyzing the Level of Detail of Construction Schedule for Enabling Site Logistics Planning (SLP) in the Building Information Modeling (BIM) Environment
DOI:	10.3390/su14116701	**Fecha:**	2022-05-30
Sitio web:	mdpi.com	**Editorial:**	Multidisciplinary Digital Publishing Institute

[s4] - https://pmc.ncbi.nlm.nih.gov/articles/PMC11222554/

Autor:	Dong Zhou, Bida Pei, Xueqin Li, Ding Jiang, Lin Wen	**Título:**	Innovative BIM technology application in the construction management of highway
por:	Changsha University of Science and Technology, Changsha BIM Cloud Information Technology Co., Ltd, Hunan Expressway Group Co., Ltd, JiangXi Ganyue Expressway Engineering Co., Ltd	**DOI:**	10.1038/s41598-024-66232-5
Fecha:	2024 Jul 3	**Sitio web:**	PubMed Central (PMC)
Editorial:	Scientific Reports		

[s5] - https://pmc.ncbi.nlm.nih.gov/articles/PMC11393528/

Autor:	Rakesh Kumar, Rajesh singh, Richa Goel, Tilottama Singh, Neeraj Priyadarshi, Bhekisipho Twala	**Título:**	Incentivizing green building technology: A financial perspective on sustainable development in India
DOI:	10.12688/f1000research.154056.2	**Fecha:**	2024 Sep 16
Sitio web:	PMC	**Editorial:**	F1000Research

[s6] - https://pmc.ncbi.nlm.nih.gov/articles/PMC8003767/

Autor:	Giulia Tola; Valentina Talu; Tanja Congiu; Paul Bain; Jutta Lindert	**Título:**	Built Environment Design and People with Autism Spectrum Disorder (ASD): A Scoping Review
DOI:	10.3390/ijerph18063203	**Fecha:**	2021 Mar 19
Sitio web:	PubMed Central (PMC)	**Editorial:**	International Journal of Environmental Research and Public Health

[s7] - https://pmc.ncbi.nlm.nih.gov/articles/PMC8127744/

Autor:	Lillian Hung, Allison Hudson, Mario Gregorio, Lynn Jackson, Jim Mann, Neil Horne, Annette Berndt, Christine Wallsworth, Lily Wong, Alison Phinney	**Título:**	Creating Dementia-Friendly Communities for Social Inclusion: A Scoping Review
por:	University of British Columbia, Vancouver Coastal Health	**DOI:**	10.1177/23337214211013596
Fecha:	2021 May 12	**Sitio web:**	PMC
Editorial:	Gerontology and Geriatric Medicine		

[s8] - https://www.mdpi.com/2075-5309/13/8/2077

Autor:	Walaa S. E. Ismaeel	**Título:**	The Dynamics of Sustainable Material Selection for Green-Certified Projects
por:	Multidisciplinary Digital Publishing Institute	**DOI:**	10.3390/buildings13082077
Fecha:	2023-08-16	**Sitio web:**	mdpi.com
Editorial:	Multidisciplinary Digital Publishing Institute		

[s9] - https://www.mdpi.com/2075-5309/14/9/2728

Autor:	Mehmet Nurettin Ugural, Merve Ruya Ozyilmaz, Halil Ibrahim Burgan	**Título:**	Life Cycle Assessment Analysis Based on Material Selection in Sustainable Airport Buildings
DOI:	10.3390/buildings14092728	**Fecha:**	2024-08-31
Sitio web:	mdpi.com	**Editorial:**	Multidisciplinary Digital Publishing Institute

[s10] - https://www.mdpi.com/2075-5309/13/8/2077

Autor:	Walaa S. E. Ismaeel	**Título:**	The Dynamics of Sustainable Material Selection for Green-Certified Projects
por:	Multidisciplinary Digital Publishing Institute	**DOI:**	10.3390/buildings13082077
Fecha:	2023-08-16	**Sitio web:**	MDPI
Editorial:	Multidisciplinary Digital Publishing Institute		

[s11] - https://www.mdpi.com/2075-5309/14/9/2728

Autor:	Mehmet Nurettin Ugural, Merve Ruya Ozyilmaz, Halil Ibrahim Burgan	**Título:**	Life Cycle Assessment Analysis Based on Material Selection in Sustainable Airport Buildings
DOI:	10.3390/buildings14092728	**Fecha:**	2024-08-31
Sitio web:	mdpi.com	**Editorial:**	Multidisciplinary Digital Publishing Institute

[s12] - https://www.mdpi.com/2075-5309/2/1/1

Autor:	Ibuchim Ogunkah, Junli Yang	**Título:**	Investigating Factors Affecting Material Selection: The Impacts on Green Vernacular Building Materials in the Design-Decision Making Process
DOI:	10.3390/buildings2010001	**Fecha:**	2012-01-23
Sitio web:	MDPI	**Editorial:**	Molecular Diversity Preservation International

[s13] - https://www.mdpi.com/2075-5309/2/2/126

Autor:	Peter O. Akadiri, Ezekiel A. Chinyio, Paul O. Olomolaiye	**Título:**	Design of A Sustainable Building: A Conceptual Framework for Implementing Sustainability in the Building Sector
DOI:	10.3390/buildings2020126	**Fecha:**	2012-05-04
Sitio web:	mdpi.com	**Editorial:**	Molecular Diversity Preservation International

[s14] - https://www.mdpi.com/2412-3811/6/4/49

Autor:	Kamel Mohamed Rahla, Ricardo Mateus, Luís Bragança	**Título:**	Selection Criteria for Building Materials and Components in Line with the Circular Economy Principles in the Built Environment—A Review of Current Trends
por:	Multidisciplinary Digital Publishing Institute	**DOI:**	10.3390/infrastructures6040049
Fecha:	2021-03-24	**Sitio web:**	MDPI
Editorial:	Multidisciplinary Digital Publishing Institute		

[s15] - https://www.mdpi.com/1996-1073/17/23/5817

Autor:	Anna Barwińska-Małajowicz, Marian Banaś, Teresa Piecuch, Radosław Pyrek, Krzysztof Szczotka, Jakub Szymiczek	**Título:**	Energy and Ecological Concept of a Zero-Emission Building Using Renewable Energy Sources—Case Study in Poland
por:	Multidisciplinary Digital Publishing Institute	**DOI:**	10.3390/en17235817
Fecha:	2024-11-21	**Sitio web:**	mdpi.com
Editorial:	Multidisciplinary Digital Publishing Institute		

[s16] - https://www.mdpi.com/2076-3417/11/4/1490

Autor:	Christina V. Podara, Ioannis A. Kartsonakis, Costas A. Charitidis	**Título:**	Towards Phase Change Materials for Thermal Energy Storage: Classification, Improvements and Applications in the Building Sector
DOI:	10.3390/app11041490	**Fecha:**	2021-02-06
Sitio web:	MDPI	**Editorial:**	Multidisciplinary Digital Publishing Institute

[s17] - https://www.mdpi.com/1996-1073/16/12/4806

Autor:	Sandra Cunha, Antonella Sarcinella, José Aguiar, Mariaenrica Frigione	**Título:**	Perspective on the Development of Energy Storage Technology Using Phase Change Materials in the Construction Industry: A Review
DOI:	10.3390/en16124806	**Fecha:**	2023-06-19
Sitio web:	mdpi.com	**Editorial:**	Multidisciplinary Digital Publishing Institute

[s18] - https://www.mdpi.com/2071-1050/11/21/6118

Autor:	Cindy Guerlain, Samuel Renault, Francesco Ferrero	**Título:**	Understanding Construction Logistics in Urban Areas and Lowering Its Environmental Impact: A Focus on Construction Consolidation Centres
DOI:	10.3390/su11216118	**Fecha:**	2019-11-03
Sitio web:	mdpi.com	**Editorial:**	Multidisciplinary Digital Publishing Institute

[s19] - https://www.mdpi.com/2071-1050/14/11/6701

Autor:	Sonja Kolarić, Mladen Vukomanović, Antonio Ramljak	**Título:**	Analyzing the Level of Detail of Construction Schedule for Enabling Site Logistics Planning (SLP) in the Building Information Modeling (BIM) Environment
DOI:	10.3390/su14116701	**Fecha:**	2022-05-30
Sitio web:	MDPI	**Editorial:**	Multidisciplinary Digital Publishing Institute

[s20] - https://www.mdpi.com/2071-1050/11/9/2664

Autor:	Stefano Armenia, Rosa Maria Dangelico, Fabio Nonino, Alessandro Pompei	**Título:**	Sustainable Project Management: A Conceptualization-Oriented Review and a Framework Proposal for Future Studies
DOI:	10.3390/su11092664	**Fecha:**	2019-05-10
Sitio web:	MDPI	**Editorial:**	Multidisciplinary Digital Publishing Institute

[s21] - https://pmc.ncbi.nlm.nih.gov/articles/PMC9154213/

Autor:	Saeid Sadeghi Darvazeh, Farzaneh Mansoori Mooseloo, Samira Aeini, Hadi Rezaei Vandchali, Erfan Babaee Tirkolaee	**Título:**	An integrated methodology for green human resource management in construction industry
DOI:	10.1007/s11356-022-20967-8	**Fecha:**	2022 May 31
Sitio web:	PubMed Central (PMC)	**Editorial:**	Environmental Science and Pollution Research International

[s22] - https://pmc.ncbi.nlm.nih.gov/articles/PMC9282632/

Autor:	Rashid Maqbool, Emily Jowett	**Título:**	Conserving a sustainable urban environment through energy security and project management practices
DOI:	10.1007/s11356-022-21721-w	**Fecha:**	2022 Jul 14
Sitio web:	PMC	**Editorial:**	Environmental Science and Pollution Research International

[s23] - https://pmc.ncbi.nlm.nih.gov/articles/PMC10149108/

Autor:	Mahdi Anbari Moghadam, Morteza Bagherpour, Seyed Farid Ghannadpour	**Título:**	Sustainability assessment in construction projects: a sustainable earned value management model under uncertain and unreliable conditions
por:	Department of Industrial Engineering, Iran University of Science and Technology	**DOI:**	10.1007/s10669-023-09913-2
Fecha:	2023 Apr 30	**Sitio web:**	PMC
Editorial:	Springer		

[s24] - https://pmc.ncbi.nlm.nih.gov/articles/PMC11429656/

Autor:	Worawoot Aiduang, Praween Jinanukul, Wandee Thamjaree, Tanongkiat Kiatsiriroat, Tanut Waroonkun, Saisamorn Lumyong	**Título:**	A Comprehensive Review on Studying and Developing Guidelines to Standardize the Inspection of Properties and Production Methods for Mycelium-Bound Composites in Bio-Based Building Material Applications
DOI:	10.3390/biomimetics9090549	**Fecha:**	2024 Sep 11
Sitio web:	PMC		

[s25] - https://www.mdpi.com/2075-5309/14/3/844

Autor:	Frank Ato Ghansah, David John Edwards	**Título:**	Digital Technologies for Quality Assurance in the Construction Industry: Current Trend and Future Research Directions towards Industry 4.0
por:	Multidisciplinary Digital Publishing Institute	**DOI:**	10.3390/buildings14030844
Fecha:	2024-03-21	**Sitio web:**	mdpi.com
Editorial:	Multidisciplinary Digital Publishing Institute		

[s26] - https://www.mdpi.com/2075-5309/14/3/844

Autor:	Frank Ato Ghansah, David John Edwards	**Título:**	Digital Technologies for Quality Assurance in the Construction Industry: Current Trend and Future Research Directions towards Industry 4.0
DOI:	10.3390/buildings14030844	**Fecha:**	2024-03-21
Sitio web:	mdpi.com	**Editorial:**	Multidisciplinary Digital Publishing Institute

[s27] - https://www.mdpi.com/2071-1050/12/19/7847

Autor:	Li Zhang, Laura Balangé, Kathrin Braun, Roberta Di Bari, Rafael Horn, Deniz Hos, Cordula Kropp, Philip Leistner, Volker Schwieger	**Título:**	Quality as Driver for Sustainable Construction—Holistic Quality Model and Assessment
por:	University of Stuttgart	**DOI:**	10.3390/su12197847
Fecha:	2020-09-23	**Sitio web:**	MDPI
Editorial:	Multidisciplinary Digital Publishing Institute		

[s28] - https://www.mdpi.com/2071-1050/13/23/13069

Autor:	Madduma Kaluge Chamitha Sanjani Wijewickrama, Nicholas Chileshe, Raufdeen Rameezdeen, Jose Jorge Ochoa	**Título:**	Minimizing Macro-Level Uncertainties for Quality Assurance in Reverse Logistics Supply Chains of Demolition Waste
DOI:	10.3390/su132313069	**Fecha:**	2021-11-25
Sitio web:	mdpi.com	**Editorial:**	Multidisciplinary Digital Publishing Institute

[s29] - https://www.mdpi.com/1424-8220/22/13/4936

Autor:	Ya Hui Teo, Jun Hong Yap, Hui An, Simon Ching Man Yu, Limao Zhang, Jie Chang, Kang Hao Cheong	**Título:**	Enhancing the MEP Coordination Process with BIM Technology and Management Strategies
por:	Multidisciplinary Digital Publishing Institute	**DOI:**	10.3390/s22134936
Fecha:	2022-06-30	**Sitio web:**	mdpi.com
Editorial:	Multidisciplinary Digital Publishing Institute		

[s30] - https://www.mdpi.com/2075-5309/13/8/2101

Autor:	Alcínia Zita Sampaio, Gonçalo Azevedo, Augusto Gomes	**Título:**	BIM Manager Role in the Integration and Coordination of Construction Projects
DOI:	10.3390/buildings13082101	**Fecha:**	2023-08-19
Sitio web:	mdpi.com	**Editorial:**	Multidisciplinary Digital Publishing Institute

[s31] - https://www.mdpi.com/2079-9292/8/7/724

Autor:	Zhen Liu, Lijun Jiang, Mohamed Osmani, Peter Demian	**Título:**	Building Information Management (BIM) and Blockchain (BC) for Sustainable Building Design Information Management Framework
DOI:	10.3390/electronics8070724	**Fecha:**	2019-06-26
Sitio web:	mdpi.com	**Editorial:**	Multidisciplinary Digital Publishing Institute

[s32] - https://pmc.ncbi.nlm.nih.gov/articles/PMC7471539/

Autor:	John C Matulis, Rozalina McCoy	**Título:**	Patient-Centered Appointment Scheduling: a Call for Autonomy, Continuity, and Creativity
por:	Mayo Clinic	**DOI:**	10.1007/s11606-020-06058-9
Fecha:	2020 Sep 3	**Sitio web:**	PubMed Central (PMC)
Editorial:	Journal of General Internal Medicine		

[s33] - https://www.mdpi.com/2227-9717/8/2/245

Autor:	Yan Xu, Zhao Luo, Zhendong Zhu, Zhiyuan Zhang, Jinghui Qin, Hao Wang, Zeyong Gao, Zhichao Yang	**Título:**	A Three-Stage Coordinated Optimization Scheduling Strategy for a CCHP Microgrid Energy Management System
DOI:	10.3390/pr8020245	**Fecha:**	2020-02-21
Sitio web:	MDPI	**Editorial:**	Multidisciplinary Digital Publishing Institute

[s34] - https://pmc.ncbi.nlm.nih.gov/articles/PMC9796348/

Autor:	Melanie van Driel, Frank Biermann, Rakhyun E Kim, Marjanneke J Vijge	**Título:**	International organisations as ' custodians' of the sustainable development goals? Fragmentation and coordination in sustainability governance
por:	Copernicus Institute of Sustainable Development, Utrecht University	**DOI:**	10.1111/1758-5899.13114
Fecha:	2022 Jul 13	**Sitio web:**	PMC
Editorial:	Global Policy		

[s35] - https://pmc.ncbi.nlm.nih.gov/articles/PMC3948194/

Autor:	Sadia Rahman, M T R Khan, Shatirah Akib, Nazli Bin Che Din, S K Biswas, S M Shirazi	**Título:**	Sustainability of Rainwater Harvesting System in terms of Water Quality
DOI:	10.1155/2014/721357	**Fecha:**	2014 Feb 18
Sitio web:	PubMed Central (PMC)	**Editorial:**	The Scientific World Journal

[s36] - https://pmc.ncbi.nlm.nih.gov/articles/PMC9287512/

Autor:	Nesar Ahmed, John Hornbuckle, Giovanni M Turchini	**Título:**	Blue–green water utilization in rice–fish cultivation towards sustainable food production
por:	Deakin University	**DOI:**	10.1007/s13280-022-01711-5
Fecha:	2022 Mar 4	**Sitio web:**	PMC
Editorial:	National Center for Biotechnology Information		

[s37] - https://www.mdpi.com/2071-1050/15/23/16208

Autor:	Chandra Mouli R. Madhuranthakam, Malak AbuZaid, Omar Chaalal, Tala Ghannam	**Título:**	Sustainable Water Management with Design and Economic Evaluation of Recycling Greywater at Abu Dhabi University—A Case Study on Decentralization
DOI:	10.3390/su152316208	**Fecha:**	2023-11-22
Sitio web:	MDPI	**Editorial:**	Multidisciplinary Digital Publishing Institute

[s38] - https://www.mdpi.com/2071-1050/14/2/656
Autor: Musa Mohammed, Nasir Shafiq, Al-Baraa Abdulrahman Al-Mekhlafi, Ehab Farouk Rashed, Mohamed Hassan Khalil, Noor Amila Zawawi, Abubakar Muhammad, Aminu Mubarak Sadis
Título: The Mediating Role of Policy-Related Factors in the Relationship between Practice of Waste Generation and Sustainable Construction Waste Minimisation: PLS-SEM
DOI: 10.3390/su14020656
Fecha: 2022-01-07
Sitio web: mdpi.com
Editorial: Multidisciplinary Digital Publishing Institute

[s39] - https://pmc.ncbi.nlm.nih.gov/articles/PMC8745857/
Autor: Callun Keith Purchase, Dhafer Manna Al Zulayq, Bio Talakatoa O'Brien, Matthew Joseph Kowalewski, Aydin Berenjian, Amir Hossein Tarighaleslami, Mostafa Seifan
Título: Circular Economy of Construction and Demolition Waste: A Literature Review on Lessons, Challenges, and Benefits
por: The University of Waikato
DOI: 10.3390/ma15010076
Fecha: 2021 Dec 23
Sitio web: PMC
Editorial: Materials

[s40] - https://www.mdpi.com/2075-5309/14/4/948
Autor: Nurullah Bektaş, Maysam Shmlls
Título: Earthquake-Induced Waste Repurposing: A Sustainable Solution for Post-Earthquake Debris Management in Urban Construction
DOI: 10.3390/buildings14040948
Fecha: 2024-03-29
Sitio web: mdpi.com
Editorial: Multidisciplinary Digital Publishing Institute

[s41] - https://pmc.ncbi.nlm.nih.gov/articles/PMC8745857/
Autor: Callun Keith Purchase, Dhafer Manna Al Zulayq, Bio Talakatoa O'Brien, Matthew Joseph Kowalewski, Aydin Berenjian, Amir Hossein Tarighaleslami, Mostafa Seifan
Título: Circular Economy of Construction and Demolition Waste: A Literature Review on Lessons, Challenges, and Benefits
por: The University of Waikato
DOI: 10.3390/ma15010076
Fecha: 2021 Dec 23
Sitio web: PMC
Editorial: Materials

[s42] - https://pmc.ncbi.nlm.nih.gov/articles/PMC9622352/
Autor: Hari Bhakta Sharma, Kumar Raja Vanapalli, Biswajit Samal, VR Sankar Cheela, Brajesh K Dubey, Jayanta Bhattacharya
Título: Circular economy approach in solid waste management system to achieve UN-SDGs: Solutions for post-COVID recovery
por: Indian Institute of Technology Kharagpur
DOI: 10.1016/j.scitotenv.2021.149605
Fecha: 2021 Aug 12
Sitio web: PMC
Editorial: The Science of the Total Environment

[s43] - https://www.mdpi.com/2071-1050/13/8/4209

Autor:	Gudrun Obersteiner, Marta Cociancig, Sandra Luck, Johannes Mayerhofer	**Título:**	Impact of Optimized Packaging on Food Waste Prevention Potential among Consumers
por:	Multidisciplinary Digital Publishing Institute	**DOI:**	10.3390/su13084209
Fecha:	2021-04-09	**Sitio web:**	mdpi.com
Editorial:	Multidisciplinary Digital Publishing Institute		

[s44] - https://pmc.ncbi.nlm.nih.gov/articles/PMC11140696/

Autor:	Yuejuan Weng, Jingzhu Zhang, Chunling Yang, Muhammad Ramzan	**Título:**	Intermodal travel planning and decision support integrated with transportation and energy systems
por:	Vocational and Technical College, Changchun Sci-Tech University; School of Automotive Engineering, Jilin Communications Polytechnic; School of Intelligent Manufacturing of, Changchun Sci-Tech University; Department of Management and Science, Bahauddin Zakariya University	**DOI:**	10.1016/j.heliyon.2024.e31577
Fecha:	2024 May 21	**Sitio web:**	PMC
Editorial:	Heliyon		

[s45] - https://www.mdpi.com/2071-1050/16/12/4963

Autor:	Dimitris Georgiadis, Konstantina Karathanasopoulou, Cleopatra Bardaki, Ilias Panagiotopoulos, Ioannis Vondikakis, Thalis Paktitis, George Dimitrakopoulos	**Título:**	Performance Analysis of Energy-Efficient Path Planning for Sustainable Transportation
por:	Multidisciplinary Digital Publishing Institute	**DOI:**	10.3390/su16124963
Fecha:	2024-06-11	**Sitio web:**	mdpi.com
Editorial:	Multidisciplinary Digital Publishing Institute		

[s46] - https://www.mdpi.com/1996-1073/17/13/3295

Autor:	Abdul Mateen Khan, Muhammad Abubakar Tariq, Sardar Kashif Ur Rehman, Talha Saeed, Fahad K. Alqahtani, Mohamed Sherif	**Título:**	BIM Integration with XAI Using LIME and MOO for Automated Green Building Energy Performance Analysis
DOI:	10.3390/en17133295	**Fecha:**	2024-07-04
Sitio web:	mdpi.com	**Editorial:**	Multidisciplinary Digital Publishing Institute

[s47] - https://www.mdpi.com/1996-1073/16/9/3681

Autor:	Hirou Karimi, Mohammad Anvar Adibhesami, Hassan Bazazzadeh, Sahar Movafagh	**Título:**	Green Buildings: Human-Centered and Energy Efficiency Optimization Strategies
por:	Multidisciplinary Digital Publishing Institute	**DOI:**	10.3390/en16093681
Fecha:	2023-04-25	**Sitio web:**	mdpi.com
Editorial:	Multidisciplinary Digital Publishing Institute		

[s48] - https://www.mdpi.com/2071-1050/15/1/815

Autor:	Hyeon-Ju Shin, Hee-Sung Cha	**Título:**	Proposing a Quality Inspection Process Model Using Advanced Technologies for the Transition to Smart Building Construction
DOI:	10.3390/su15010815	**Fecha:**	2023-01-02
Sitio web:	mdpi.com	**Editorial:**	Multidisciplinary Digital Publishing Institute

[s49] - https://www.mdpi.com/2075-5309/14/3/612

Autor:	Nai-Hsin Pan, Nurani Nanda Isnaeni	**Título:**	Integration of Augmented Reality and Building Information Modeling for Enhanced Construction Inspection—A Case Study
DOI:	10.3390/buildings14030612	**Fecha:**	2024-02-26
Sitio web:	mdpi.com	**Editorial:**	Multidisciplinary Digital Publishing Institute

[s50] - https://www.mdpi.com/1424-8220/24/21/6806

Autor:	Zhansheng Liu, Zehong Liu, Zhe Sun	**Título:**	Massive Point Cloud Processing for Efficient Construction Quality Inspection and Control
DOI:	10.3390/s24216806	**Fecha:**	2024-10-23
Sitio web:	mdpi.com	**Editorial:**	Multidisciplinary Digital Publishing Institute

[s51] - https://pubmed.ncbi.nlm.nih.gov/30368903/

Autor:	Lee JY;Wargocki P;Chan YH;Chen L; Tham KW	**Título:**	Indoor environmental quality, occupant satisfaction, and acute building-related health symptoms in Green Mark-certified compared with non-certified office buildings
DOI:	10.1111/ina.12515	**Fecha:**	2019 Jan
Sitio web:	PubMed	**Editorial:**	Indoor Air

[s52] - https://www.mdpi.com/2076-3417/14/14/6232

Autor:	Federico Pedranzini, Luigi P. M. Colombo, Francesco Romano	**Título:**	Development and Application of a Novel Non-Iterative Balancing Method for Hydronic Systems
DOI:	10.3390/app14146232	**Fecha:**	2024-07-17
Sitio web:	mdpi.com	**Editorial:**	Multidisciplinary Digital Publishing Institute

[s53] - https://pmc.ncbi.nlm.nih.gov/articles/PMC6072925/

Autor:	Hua Qian, Xiaohong Zheng	**Título:**	Ventilation control for airborne transmission of human exhaled bio-aerosols in buildings
por:	School of Energy and Environment, Southeast University, Nanjing 210096, China	**DOI:**	10.21037/jtd.2018.01.24
Fecha:	2018 Jul	**Sitio web:**	PMC
Editorial:	Journal of Thoracic Disease		

[s54] - https://www.ncbi.nlm.nih.gov/pmc/articles/PMC4880077/

Autor:	Rami Sommerstein, Christian Rüegg, Philipp Kohler, Guido Bloemberg, Stefan P Kuster, Hugo Sax	**Título:**	Transmission of Mycobacterium chimaera from Heater–Cooler Units during Cardiac Surgery despite an Ultraclean Air Ventilation System
por:	University Hospital of Bern, University Hospital of Zurich, University of Zurich	**DOI:**	10.3201/eid2206.160045
Fecha:	2016 Jun	**Sitio web:**	PMC
Editorial:	Emerging Infectious Diseases		

[s55] - https://pmc.ncbi.nlm.nih.gov/articles/PMC9132004/

Autor:	Marta Filauro, Francesco Mora, Alberto Vallin, Palmiro Della Casa, Carlotta Arceri, Angelo Gratarola, Giorgio Peretti	**Título:**	Evone® Flow controlled ventilation: a new device for laryngotracheal surgery
DOI:	10.14639/0392-100X-N1834	**Fecha:**	2022 May 16
Sitio web:	PubMed Central (PMC)	**Editorial:**	Acta Otorhinolaryngologica Italica

Fuentes de imágenes

Las imágenes no listadas son de creación propia o fueron adquiridas con la licencia correspondiente. Todos los derechos están reservados para estas imágenes.

Para todas las demás imágenes listadas aquí:
Ninguna de las imágenes fue modificada, solo se ajustó la resolución. En la versión eBook, las imágenes se compilaron en collages numerados. Todas las imágenes permanecen sujetas a su licencia original y se utilizan de acuerdo con sus respectivos términos de licencia. Si descubre errores de atribución u otras discrepancias, contáctenos.

Fecha de la revisión final de la imagen: 2025-02-09.

Licencia utilizada

CC0	http://creativecommons.org/publicdomain/zero/1.0/deed.en

Créditos de imágenes

[i1] - 001_001_002_image_gruendach.jpeg
https://upload.wikimedia.org/wikipedia/commons/d/d1/Green_roof_%2848820773896%29.jpg

Date:	2019-09-26	**por:**	Любитель свежего воздуха
Artista:	umbc sustainability	**License:**	CC0

[i2] - 001_001_002_image_dachueberstand.jpeg
https://upload.wikimedia.org/wikipedia/commons/2/21/Temporary_shoring_is_installed_to_support_the_porch_roof_overhang_while_a_new_porch_deck_and_posts_are_installed._%2841efc130-aafa-4988-b6a0-8570268fe59c%29.jpg

Date:	Taken	**por:**	BMacZeroBot
Artista:	NPS photo	**License:**	Public domain

[i3] - 001_001_003_image_abwasser.jpeg
https://upload.wikimedia.org/wikipedia/commons/d/de/Streicher_Begu.jpg

Date:	2012	**por:**	Xocolatl
License:	CC0		

[i4] - 001_002_002_image_nachhaltige_materialien.jpeg
https://upload.wikimedia.org/wikipedia/commons/8/8b/NCGP_Construction_Grant_-_Golisano_Institute_for_Sustainability_Research_Building_%285940498093%29.jpg

Date:	2010-09-21	**por:**	Vanished Account Byeznhpyxeuztibuo
Artista:	National Institute of Standards and Technology	**License:**	Public domain

[i5] - 002_001_001_image_bienenwabe.jpeg
https://upload.wikimedia.org/wikipedia/commons/f/fc/AEDC_team_members_mark_completion_of_16S_honeycomb_%288205389%29.jpg

Date:	Taken	**por:**	OptimusPrimeBot
Artista:	Keith Thornburgh	**License:**	Public domain

[i6] - 002_001_001_image_erker.jpeg
https://upload.wikimedia.org/wikipedia/commons/7/75/Bay_window_-_Beacon_Hill_-_Boston%2C_MA_-_DSC02137.jpg

Date:	2019-12-07	**por:**	Daderot
License:	CC0		

[i7] - 002_001_001_image_gebaeudehuelle.jpeg
https://upload.wikimedia.org/wikipedia/commons/2/2f/Trompe_l_oeil_Emperor%27s_Courtyard_Residenz_Munich.jpg

Date:	2013-10-22	**por:**	Jebulon
License:	CC0		

[i8] - 002_001_002_image_aufzug.jpeg
https://upload.wikimedia.org/wikipedia/commons/0/03/Adams_Building_Elevator_%2831935139772%29.jpg

Date:	2017-01-03	**por:**	Vanished Account Byeznhpyxeuztibuo
Artista:	USCapitol	**License:**	Public domain

[i9] - 002_001_002_image_treppenhaus.jpeg
https://upload.wikimedia.org/wikipedia/commons/1/1a/Stairwell%2C_People%E2%80%99s_Savings_Bank_Building%2C_Pittsburgh%2C_2020-01-23.jpg

Date:	2020-01-23	**por:**	Cbaile19
License:	CC0		

[i10] - 002_001_003_image_jalousien.jpeg
https://upload.wikimedia.org/wikipedia/commons/d/d2/VenetianBlindAiyaz.jpg

Date:	2006-11-26	**por:**	Mutatis mutandis
Artista:	Elf	**License:**	Public domain

[i11] - 002_001_003_image_sonnenschutzvorrichtungen.jpeg
https://upload.wikimedia.org/wikipedia/commons/c/c5/ALA_MOANA_OFFICE_BUILDING_GLOWS_IN_THE_AFTERNOON_SUN_-_NARA_-_553789.jpg

Date:	October	**por:**	US National Archives bot
Artista:	NARA record: 3403717	**License:**	Public domain

[i12] - 002_001_003_image_oberlichter.jpeg
https://upload.wikimedia.org/wikipedia/commons/3/3f/Metropolitan_Building_skylight_Minneapolis.jpg

Date:	Taken	**por:**	File Upload Bot (Magnus Manske)
Artista:	Mulad	**License:**	Public domain

[i13] - 002_002_001_image_demontage.jpeg
https://upload.wikimedia.org/wikipedia/commons/c/ca/Building_demolition_in_Ebisu.jpg

Date:	10 June 2023	**por:**	Syced
License:	CC0		

[i14] - 002_002_001_image_schiefer.jpeg
https://upload.wikimedia.org/wikipedia/commons/6/6a/Slate_at_Morte_Point_in_Devon.jpg

Date:	2017-06-29	**por:**	GeoWriter
Artista:	https://pixabay.com/en/users/aitoff-388338/	**License:**	CC0

[i15] - 002_002_002_image_umweltbelastung.jpeg
https://upload.wikimedia.org/wikipedia/commons/a/a4/Alfred_Palmer_Smokestacks.jpg

Date:	1942	**por:**	Durova
Artista:	Alfred T. Palmer	**License:**	Public domain

[i16] - 002_002_003_image_stahltraeger.jpeg
https://upload.wikimedia.org/wikipedia/commons/0/03/Steel_workers.jpg

Date:	circa	**por:**	Danaleeper
Artista:	Andersson, Arne / Bohusläns museum	**License:**	CC0

[i17] - 002_002_003_image_upcycling.jpeg
https://upload.wikimedia.org/wikipedia/commons/9/97/Upcycling_Stra%C3%9Fenlampe_Frank_John-Lorenz_20200321_104129.jpg

Date:	2020-03-21	**por:**	Frank John-Lorenz
License:	CC0		

[i18] - 002_003_001_image_mineralwolle.jpeg
https://upload.wikimedia.org/wikipedia/commons/a/a3/Wool_insulation_installation.jpg

Date:	2012-06-07	**por:**	الحساوي
Artista:	RachelW1	**License:**	CC0

[i19] - 002_003_001_image_photovoltaikanlage.jpeg
https://upload.wikimedia.org/wikipedia/commons/1/1b/Roof_Photovoltaic_Test_Facility_%285941022632%29.jpg

Date:	2006-06-22	**por:**	Vanished Account Byeznhpyxeuztibuo
Artista:	National Institute of Standards and Technology	**License:**	Public domain

[i20] - 002_003_003_image_fussbodenheizung.jpeg
https://upload.wikimedia.org/wikipedia/commons/9/95/Electric_floor_heating_fussbodenheizung.jpg

Date:	2010-12-07	**por:**	Hundehalter
License:	CC0		

[i21] - 003_001_001_image_3dmodell.jpeg
https://upload.wikimedia.org/wikipedia/commons/f/f6/Construction_barrel_3D_animation.png

Date:	2020-03-28	**por:**	Kurtkaiser
Artista:	Kurt Kaiser	**License:**	CC0

[i22] - 003_001_001_image_baustellenlogistik.jpeg
https://upload.wikimedia.org/wikipedia/commons/a/a2/US_Navy_100220-N-9643W-038_Service_members_conducting_joint_logistics_over_the_shore_operations_at_the_main_seaport_in_Port-au-Prince%2C_Haiti_off-load_construction_vehicles_and_equipment..jpg

Date:	2010-02-20	**por:**	BotMultichillT
Artista:	U.S. Navy photo by Mass Communication Specialist 2nd Class Kim Williams	**License:**	Public domain

[i23] - 003_001_002_image_nachhaltigkeit.jpeg
https://upload.wikimedia.org/wikipedia/commons/2/2c/North_America_from_low_orbiting_satellite_Suomi_NPP.jpg

Date:	2012-01-04	**por:**	Hellbus
Artista:	NASA/NOAA/GSFC/Suomi NPP/VIIRS/Norman Kuring	**License:**	Public domain

[i24] - 003_002_001_image_qualitaetskontrolle.jpeg
https://upload.wikimedia.org/wikipedia/commons/5/58/Quality_Control_-_Civil_Engineering_Project_Ghana_%288832140%29.jpg

Date:	Taken	**por:**	OptimusPrimeBot
Artista:	Justin Stumberg	**License:**	Public domain

[i25] - 003_003_002_image_kritischer_pfad.jpeg
https://upload.wikimedia.org/wikipedia/commons/c/c3/McKnight_Road_Bridges_under_Construction-1_MN_%288474564430%29.jpg

Date:	2007-07-16	**por:**	Tyler ser Noche
Artista:	Federal Highway Administration	**License:**	Public domain

[i26] - 003_003_002_image_baubesprechung.jpeg
https://upload.wikimedia.org/wikipedia/commons/3/3f/Engineer_technician_performing_a_pre-construction_meeting_with_land_manager_%28left%29_on_a_joint_project_on_a_CRP_Marginal_Grasslands_site_and_the_Chippewa-Luce-Mackinac_Conservation_District._Chippewa_County%2C_Michigan.jpg

Date:	2021-08-18	**por:**	Ooligan
Artista:	USDAgov	**License:**	Public domain

[i27] - 004_001_001_image_zisterne.jpeg
https://upload.wikimedia.org/wikipedia/commons/8/80/Cistern%2C_Gallier_House%2C_New_Orleans%2C_1978.jpg

Date:	1978-07-25	**por:**	Infrogmation
Artista:	Uncredited for US National Park Service	**License:**	Public domain

[i28] - 004_001_001_image_gewerbeimmobilie.jpeg
https://upload.wikimedia.org/wikipedia/commons/a/ae/Abandoned_commercial_property%2C_Soul_City.jpg

Date:	2018-12-19	**por:**	Indy beetle
License:	CC0		

[i29] - 004_001_001_image_rueckhaltebecken.jpeg
https://upload.wikimedia.org/wikipedia/commons/a/a7/Retention_basin_Rudolph-Wilde-Park_with_water_2023-06-26_07.jpg

Date:	2023-06-26	**por:**	GPSLeo
Artista:	Leonhard Lenz	**License:**	CC0

[i30] - 004_001_001_image_starkregenereignis.jpeg
https://upload.wikimedia.org/wikipedia/commons/c/cb/Remnants_of_Subtropical_Storm_Alberto_Bring_Heavy_Rain_to_the_South%2C_Midwest_%28NESDIS_2018-05-30%29.jpg

Date:	30 May 2018	**por:**	OptimusPrimeBot
Artista:	NOAA	**License:**	Public domain

[i31] - 004_001_002_image_gartenbewaesserung.jpeg
https://upload.wikimedia.org/wikipedia/commons/1/17/PivotIrrigationOnCotton.jpg

Date:	2004-11	**por:**	Saperaud~commonswiki
License:	Public domain		

[i32] - 004_001_002_image_toilettenspuelung.jpeg
https://upload.wikimedia.org/wikipedia/commons/a/ad/Standen_House_toilet_2024-10-08.jpg

Date:	2024-10-08	**por:**	Onthewings
Artista:	Andy Li	**License:**	CC0

[i33] - 004_002_001_image_kreislaufwirtschaft.jpeg
https://upload.wikimedia.org/wikipedia/commons/d/d5/Waste_In_Iran%2C_Qom_City%2C_Worker%2C_Canon_Photography%2C_Social_Documentary%2C_Mostafa_Meraji_11.jpg

Date:	2015-11-10	**por:**	Mostafameraji
License:	CC0		

[i34] - 004_002_002_image_container.jpeg
https://upload.wikimedia.org/wikipedia/commons/7/7a/Line3174_-_Shipping_Containers_at_the_terminal_at_Port_Elizabeth%2C_New_Jersey_-_NOAA.jpg

Date:	2004-06	**por:**	Tagishsimon
Artista:	Captain Albert E. Theberge, NOAA Corps (ret.)	**License:**	Public domain

[i35] - 004_002_002_image_gebaeudemodell.jpeg
https://upload.wikimedia.org/wikipedia/commons/7/7a/Architectural_model_condo_interior.jpg
Date: 2006-12-28 **por:** Mcapdevila
Artista: Fourdee **License:** Public domain

[i36] - 004_002_002_image_paletten.jpeg
https://upload.wikimedia.org/wikipedia/commons/b/b4/FEMA_-_39207_-_Food_storage_containers_stacked_on_shipping_pallets_in_Texas.jpg
Date: 2008-10-10 **por:** BotMultichillT
Artista: Greg Henshall **License:** Public domain

[i37] - 004_003_002_image_intermodaler_transport.jpeg
https://upload.wikimedia.org/wikipedia/commons/0/03/Intermodal_terminal_01.jpg
Date: 2020-06-01 **por:** Wikideas1
Artista: Federal Highway Administration **License:** Public domain

---

[i38] - 004_003_002_image_elektrolkw.jpeg
https://upload.wikimedia.org/wikipedia/commons/4/42/REE_Automotive_P7-C_class_4_electric_truck_with_Knapheide_vocational_body_Work_Truck_Week_2024_facing_left.jpg
Date: 2024-03-07 **por:** HueSurname
Artista: MJofLakeland1 **License:** Public domain

[i39] - 004_003_003_image_erneuerbare_energien.jpeg
https://upload.wikimedia.org/wikipedia/commons/d/d9/Energy_Systems_Integration_Facility_%28ESIF%29_Construction_%289094118236%29.jpg
Date: 2012-12-05 **por:** Bomazi
Artista: ENERGY.GOV **License:** Public domain

[i40] - 005_002_001_image_thermostatventil.jpeg
https://upload.wikimedia.org/wikipedia/commons/6/6f/247_Home_Rescue_radiator_thermostat.jpg
Date: 2014-06-11 **por:** 247homerescue
License: CC0

[i41] - 005_002_003_image_messgeraet.jpeg
https://upload.wikimedia.org/wikipedia/commons/7/70/Air_Terminal_Flow_Device_1.jpg
Date: 2022-01-28 **por:** Ivangiesen
License: CC0

FSC
www.fsc.org
MIX
Papier | Fördert gute Waldnutzung
FSC® C083411

Kolibri 360 GmbH
Ferdinand-Jühlke-Straße 7
99095 Erfurt, Deutschland
produktsicherheit@kolibri360.de